循環型社会の可能性

——いま変わらなければ

松本有一

目次

はしがき

循環型社会（もしくは循環社会）という言葉がよく使われている。関西学院大学図書館の蔵書目録を「循環型社会」で検索すると十点の書籍があった。題名（副題を含む）に「循環型社会」を含む書籍で、一番古いものは一九九一年十二月の刊行であった。循環社会やその他類似の表現で検索すればもっとあるはずである。

国連決議に基づき設置された「環境と開発に関する世界委員会」（通称、ブルントラント委員会）の報告書*以来「持続可能な発展（sustainable development）」が、そしてそこから派生した「持続可能な社会（sustainable society）」が英語文献ではよく見られる。

筆者は循環型社会こそが、持続可能な社会のあるべき姿を、より具体的に表わしたものであると考えている。ただし、既存の議論や文献の多くで用いられている「循環型社会」の中身は限定的で、社会全体の在り方ではなく、廃棄物処理の問題だけがもっぱら考慮されているように思われる。しかし、必ずしもそんな議論ばかりではな

*大来佐武郎監修『地球の未来を守るために』福武書店、一九八七年。

い。

最近、いろんな所で「循環型社会」の構築が提唱されている。とはいえ、何か言葉だけが一人歩きしている観がある。どれだけ中身を吟味して使っているのだろうか。それを考えると、「循環社会」を循環型社会とは区別して使われる加藤三郎氏の主張もうなずける。*

本書は、最近巷間話題にのぼる「循環型社会」の中身を検証しながら循環型社会の理解を深めることを主たる目的としているが、まずはなぜ循環型社会を構想しなければならないのか、その背景から話を始めることにする。本書の記述の素材の多くは先学の業績に依拠している。

＊加藤三郎『「循環社会」創造の条件』日刊工業新聞社、一九九八年。

——いま何が問題なのか

経済活動の拡大と資源・環境問題

二〇世紀は戦争の世紀であったが急速な経済規模の拡大の時代でもあった。経済の拡大は、資本蓄積、人口の増加、技術進歩、そしてそれを支える市場の拡大（内外の需要拡大）があいまって実現される。それらは国内総生産（ＧＤＰ）水準やその成長率、一人あたり国民所得の増加としてあらわれる。一人あたり国民所得の増加は国民生活水準の向上の指標であった。経済的、軍事的に優位にあった欧米先進諸国は、国内の資源や市場の制約を超えて経済を拡大するため、海外へ進出していった。遅れて先進国の仲間入りをした日本は国内に資源（鉱物資源、化石燃料）が乏しく、資源を求めて海外へ進出していった。資源の制約は国内生産のボトルネックとなるが、それを突破しようというのが侵略戦争であった。

第二次世界大戦後、アメリカ、西ヨーロッパ諸国、日本は国内生産を拡大していったが、国内的には公害問題、環境問題を引き起こし、対外的には自由貿易の名のもとに発展途上国の資源を収奪し、環境破壊をもたらした。環境破壊は地球全体に及んでいる。

地球環境問題が取り沙汰されるようになって久しい。わが国では、一九九二年にブラジルのリオデジャネイロで開催された地球サミット（環境と開発に関する国連会議）を契機に、多くの人々にも地球環境問題への関心が高まったように思われる。温暖化、オゾン層の破壊、熱帯林の破壊と砂漠化、等々。

二一世紀は「環境の世紀」といわれる。また最近は循環型社会という言葉をよく見聞きする。二〇〇〇年元日、いくつかの新聞の特集で循環型社会の構築とか地球環境問題関連の話題が取り上げられていた。地球環境問題にしろ地域のリサイクル活動にしろ、「循環型社会を目指して」が口にされる。循環型社会とはいったい何か。自明のように使われているが、その言葉の中身に共通理解があるのだろうか。リサイクル社会という言葉もあるが両者は同じなのか、どう違うのか。

地球の容量

地球全体に関わる環境問題が起きる原因はさまざまある。大きくくくれば、われわれの活動がそれをささえている器の容量を超えてしまったということができる。* われわれ地球上で生きている人類は、地球という器の容量を超えては活動できないし、生

＊環境容量という考え方がある。M・カーレー／P・スパーペンス『地球共有の論理』日科技連出版社、一九九九年、参照。

存して行くことはできない。人間は人間だけで生きているのではない。人間はさまざまな生物と共生している。植物や動物を食べ、生活用品に利用している。普段気付かない微生物の働きがある。

いままさに問題となっているのは、人間の活動が地球という器の容量を超えてしまったのではないか、このまま進むと回復できないほどに地球という器を壊してしまうのではないかということである。器の問題の一つが食料問題であり人口問題である。人間をどれだけ養うことができるかは地球上の耕地面積や工場立地が可能な面積で限定される。人間が居住するのに適した土地面積にも限界がある。森林は木材資源であり二酸化炭素の吸収源であり保水源であり、また様々な生物（微生物を含む）の棲家でもある。だから耕地拡大、居住地拡大のために森林を切り開けばよいというわけにはいかない。

地下資源を大量に使う工業生産の拡大によって、地球温室効果ガスである二酸化炭素濃度の上昇が問題になっているが、人口増加による二酸化炭素の排出増加と吸収源の減少もある。一九九九年十月十二日、世界の人口が六〇億人を突破したと報じられた。二一世紀中には百億人に達するという。このままではますます工業生産も増大し、地下資源の枯渇がさらに危惧される。

われわれの生活が便利で豊かになった（幻影かもしれないが）のは科学技術の驚異

的な進展によっているが、それは安価な原料を供給した。安価な原料は化学合成によって供給されるが、そのもとは石油である。われわれの身の回りには石油を原料とする素材を使っている製品が数限りなくある。石油はエネルギー源だけでなく安価で扱いやすいさまざまな素材の原料でもある。しかし、化学合成は未知の物質を生み出し人類の健康や生存を脅かすようになった。*

資源の枯渇

石油もそうだが、枯渇性地下資源の利用は永久には続かない。石油があと何年採掘可能かはそのときの採掘技術（採掘費用）と石油価格で決まる。採掘費用をまかなえない価格では石油は供給されない。採掘技術が更に進歩し価格が上がれば採掘可能年数は伸びるかもしれない。しかし永久に地下から石油を掘りつづけることが出来ると考える人はいないだろう。

枯渇性資源利用に関して人々に衝撃を与えたのは一九七二年のローマクラブのリポート『成長の限界』**であった。一九七三年十月の第四次中東戦争による石油の減産と産油国による一方的な石油価格の引き上げ（公示価格を四倍に）は世界に衝撃をもたらした（第一次石油危機）。その後一九七九年のイラン革命による第二次石油危機もあったが、それらは省エネルギー技術の進展をもたらし、また代替エネルギーの開

*レイチェル・カーソン『沈黙の春』（1962）新潮文庫、一九七四年、シーア・コルボーンほか『奪われし未来』（1996）翔泳社、一九九七年など参照。

**D・H・メドウズほか『成長の限界』（1972）ダイヤモンド社、一九七二年。

発へと向かわせた。最近の石油価格は比較的安定しているが、永久に掘りつづけることができるとは考えられない。*

わが国の最終エネルギー消費の六〇％強は石油である。石油の供給が減ればいまの生活は維持できない。原子力発電も石油がなければ維持できない。最近は天然ガスの利用も増えており、天然ガスの埋蔵量はかなりあると見られている。しかし、石油の代替に天然ガスを用いても、問題を少し先送りできるくらいでしかない。

われわれはさまざまな資源・エネルギーを用いて資本財や消費財を生産する。それらは遅かれ早かれ廃棄される。毎日の食卓にのぼる食品の残りはゴミとして出され、焼却され埋立てられる。家庭からいろんなものが不用品として出される。再利用されるものもあるがほとんどは焼却され埋立てられる。ところが、焼却したときに出るダイオキシン、埋立てたときの有害物質の漏出、そしてなにより廃棄物処分場自体の不足が問題となっている。そこでいま問題になっているのは、家庭や工場からの廃棄物をいかに少なくするか、あるいは再利用するか、再資源化するかである。

森林資源を守るために紙のリサイクルをしようということは、ずっと前から行なわれている（リサイクル運動が盛んになる前から古紙の回収は回収業者によって行なわれていたが、市民の無償活動で古紙回収業は成り立たなくなった）。あとで述べるように、最近話題になっている循環型社会の中身は廃棄物を再生資源として全面的にリ

*一九九〇年代、原油価格は安定していたが、一九九九年から二〇〇〇年にかけて、産油国が減産したため、原油価格は高騰している。

サイクルしようというだけのように思われる。はたしてそれだけでよいのか。

I　食料問題・人口問題

環境問題や資源問題、エネルギー問題といっても、それは人間にとっての問題である。「地球にやさしい」というような標語があるが、お花畑も厳寒の地も火山帯もすべて地球の一部であり、それらを評価するのはすべて人間である。地球にとってではなく、人間にとって有益か害悪かである。人類を守るために他の生物を守り、地球環境を保全しようというのである。*

地球上の陸地、可耕面積、可住面積には限りがある。その限りある土地の上で人間が将来にわたって（一万年先のことを想像できなくても、一千年、せめて百年先の子孫のことは思いやらなければならないだろう）生活できるかどうか、その基本には人口動向と食料生産動向がまず考慮されなければならない。

*「人類が、それを生み出し支えている環境を破壊して絶滅させたとしても、新しい環境に適応した生物種が繁栄し地球上の生命は続いていく。『地球を守れ』のスローガンはこの意味で傲慢不遜である。あくまでも『人類を守れ』に過ぎない。『地球を守れ』は環境を破壊してきた人間至上主義と同質である」（市川惇信「20世紀科学技術文明の意味」『岩波講座　地球環境学』1、岩波書店、一九九八年、10頁）。

食料問題

産業革命以降、先進資本主義国を先頭に、労働生産性を上げ、生産量を大きくすることを求めて人々は活動してきた。総生産の増大こそが人々に幸福をもたらすものだと信じてきた。安価なものをより多く供給すること、これが生産者に求められてきた。その結果、いま何が起きているかといえば、少なくともわが国では、大量生産・大量消費に伴って生じた大量の廃棄物の行き場が無くなって来ていること、見た目は便利で安価な製品が人体に有害な物質を含むことが分かってきたこと、大量生産を支えてきたさまざまな地下資源の有限性が目に見えてきたこと等々である。また、わが国は地下資源に乏しく多くの資源を外国に依存しているが、輸入した資源で生産した工業製品を外国に売ることによって、さらに多くの生活物資を外国に依存することになってしまっている。

食料を考えてみよう。国民を飢餓から守ることは為政者に求められる最重要事の一つである。コンピュータ二〇〇〇年問題でも政府は国民に二〜三日分の水と食料の備蓄を求めた（幸い何事もなく済んだが）。いまわが国の食料自給率はどれだけであろうか。主食である米は一〇〇%自給できるが、穀物自給率は近年三〇%を下回り、カロリーベースでの自給率でも四〇%近くまで下がっている。*食料自給率は先進国の中では最低水準にある。米は一〇〇%自給できるといっても、食生活における米の割合が下がって来ただけで、食料として十分であるわけでない。

食料自給率が低下する理由にはいくつかある。人口増加と耕地面積の制約、食生活

＊『図説農業白書（平成一〇年度版）』95頁。

食用農水産物の自給率の推移

		昭和			平成			(単位：%)
		40年度	50	60	6	7	8	9（概算）
主要農水産物の品目別自給率	米	95	110	107	120	103	102	99
	小麦	28	4	14	9	7	7	9
	豆類	25	9	8	5	5	5	5
	野菜	100	99	95	86	85	86	86
	果実	90	84	77	47	49	47	53
	鶏卵	100	97	98	96	96	96	96
	牛乳・乳製品	86	81	85	72	72	72	71
	肉類（鯨肉を除く）	90	77	81	60	57	55	56
	砂糖類	31	15	33	29	35	32	31
	魚介類	109	102	96	70	75	70	72
穀物自給率		62	40	31	33	30	29	28
供給熱量自給率		73	54	52	46	42	41	41

資料：農林水産省「食料需給表」

出典：『図説　農業白書』（平成10年度版）、（財）農林統計協会、1999年、95頁

の変化などであり、[*]食料を外国から輸入できる工業力の強さである。同じカロリーを穀物から得るのと牛や豚から得るのとでは必要な穀物量に数倍の違いがある。穀物を直接口にするより、穀物を飼料に牛を飼育し牛肉にして食べるほうが十倍近い量の穀物を必要とする。いま世界で人口増加と食料不足が心配されているが、その原因の一つに食生活の変化がある。急速に国民の所得レベルが上がっている中国で十二億人といわれる人々の食生活が欧風化すれば、穀物の不足が心配される。

穀物生産増大の一つの方法は耕地面積の拡大であるが、これが森林破壊や砂漠化をもたらし、地球温暖化の原因とされている二酸化炭素の吸収源の減少ともなる。人口問題、食料問題は地球環境問題に直結しているのである。

日本は食料の六〇％を海外に依存しているが、それが可能なのは工業製品の輸出にある。原料や食料を海外から輸入し、工業製品を輸出する。しかも貿易は大幅な黒字、すなわち輸出超過が発生している。これはわが国が技術力に優れていて高い付加価値を生み出しているともいえるが、別の見方をすれば、地下資源の採掘や食料生産を、国内であれば求められるであろう環境保全費用を負担することなく、安い費用で海外で行なっているともいえるのである。[**]

*『図説農業白書（平成十年版）』99頁に、一九六〇年、一九八〇年、一九九九年の駅弁の献立の変化が載っている。日本人の食生活の変化の一端を示している。

**日本人が好きなエビの多くが東南アジアで養殖され、それが生態系を破壊していることはよく知られた話である。村井吉敬『エビと日本人』岩波新書、一九八八年、参照。

人口動向と食料需要

わが国の人口動向は人口問題研究所（現在は、国立社会保障・人口問題研究所）の推計（中位推計値）では二〇〇七年に一二七、七八二千人のピークを迎え、二〇五〇年に一〇〇、四九六千人、二一〇〇年に六七、三六六千人と減少して行く。

世界の人口は一九九〇年に五十二億七千七百万人ほどであったのが、一九九九年一〇月十二日に六十億人に達し、二〇五〇年には八十九億人になると予測されている。*

人口が増加すれば当然食料需要も増える。しかも食生活が欧風化することによって牛などの飼料用穀物需要が増える。穀物生産のための土地はますます必要になる。肥沃な優良な農地は当然すでに耕作されている。もし増加する人口と食料需要を満たさなければならないとすれば森林を切り開くことになってしまう。森林を切り開けば存在している生態系を破壊し、気候変動など予測できないことが生じる可能性が大である。

「環境・持続社会」研究センターの研究では、現在の食生活の内容で必要な基礎食料の穀物および動物性たんぱく質摂取量を飼料穀物換算した合計を現在の耕地面積で生産する場合、世界のすべての人がアメリカ人の食生活をしたとして養える人口は約十九億人であり、日本人の食生活なら約四〇億人、インド人の食生活なら約八七億人という試算が得られている。六〇億人という世界中の人々がわれわれ日本人と同じ食生活をするならば、現在の耕地面積、収穫量では四十億人分しかなく、まったく不

*国連推計。ワールドウォッチ研究所編著『地球データブック　一九九九―二〇〇〇』ダイヤモンド社、一九九九年、122頁。

足することになる。*

人口数や人口構成、食料自給率は個別の国にとっては国家の安定や安全保障にかかわる大問題であることはいうまでもない。国内で食料が自給できなければ輸入に頼らざるを得ない。農業国と工業国の間の貿易はあってよいが、一方の飢餓のうえに他方の飽食があってはならない。食料問題は、経済問題としては貿易のルールや国際間での分配問題であるが、グローバルに見ればまさに地球環境問題である。

わが国では二一世紀には少子高齢社会という別の問題があるが、人口減少で国内の農産物自給は可能になるかもしれない。だが、世界では栄養不足と栄養過多が共存している。一〇億人近くの人たちが十分な食事をとれず、数十億人が基本的な栄養をとれないでいる。他方、六億人は栄養過多で肥満だという。十分な食事や栄養がとれない人々は南アジアとサハラ砂漠以南のアフリカ諸国に集中しているという。人口抑制と食料確保は急務の課題である。**

不況期に企業が人員整理をすることは合理的な行動であるが、マクロ的にはそれが失業者を増やし有効需要を減らし、ますます景気を悪くさせる。同様に個々の国が自国の利益だけに基づいて行動すれば、地球環境問題は解決しない。

*「環境・持続社会」研究センター編『永続可能な地球市民社会の実現に向けて「環境容量」の研究／試算』「環境・持続社会」研究センター、一九九九年六月。

**ワールドウォッチ研究所編著『地球データブック 一九九九-二〇〇〇』、一九九九年、ダイヤモンド社、194～197頁「栄養障害」より。

II　資源・エネルギー問題

ローマクラブ『成長の限界』

地球上での人類の活動が無限に拡大することはない、利用できる地下資源はいずれ限界にたっすると、誰しも考えることはあるだろう。だがそんなことはまだまだ先のことで、そんなことを考えても自分にはどうすることもできない、これが多くの人たちの意識ではないだろうか。

ローマクラブの委嘱によるＭＩＴ（マサチューセッツ工科大学）のメドウズ等の研究が一九七二年に公表されたときそれは具体的なものとして眼前に示された。『成長の限界―ローマ・クラブ「人類の危機」レポート』（邦訳はダイヤモンド社、一九七二年）である。*システムダイナミック・モデルを用いた研究はつぎのような結論を導いた（邦訳11～12頁）。

（1）世界人口、工業化、汚染、食料生産、および資源の使用の現在の成長率が不変のままに続くならば、来るべき一〇〇年以内に地球上の成長は限界点に到達するで

*ローマクラブは一九六八年にローマで最初の会合をもって結成されたゆえにその名がついた国際的な民間組織で、直面する人類の危機に対し回避の道を探ることを目的としている。

あろう。もっとも起こる見込みの強い結末は人口と工業力のかなり突然の、制御不可能な減少であろう。

（2）こうした成長の趨勢を変更し、将来長期にわたって持続可能な生態学的ならびに経済的な安定性を打ち立てることは可能である。この全般的な均衡状態は、地球上のすべての人の基本的な物質的必要が満たされ、すべての人が個人としての人間的な能力を実現する平等な機会をもつように設計しうるであろう。

（3）もしも世界中の人々が第一の結末ではなく第二の結末にいたるために努力することを決意するならば、その達成するために行動を開始するのが早ければ早いほど、それに成功する機会は大きいであろう。

『成長の限界』が発表されて二年後の一九七四年、第一次石油ショックが起こり警告は現実のものとなって現われたが、省エネルギー技術の開発で人々は科学技術の力で困難は克服できるという自信をもったように思われた。しかし地球温暖化という新たな問題が起こっている。省エネルギー技術が進んでもそれを超えるスピードでエネルギー使用が進んでいるのである。自動車の燃費効率があがっても自動車の絶対数が増加すれば石油消費は増加し、排気ガス量も増加する。科学技術の進歩にかかる期待は大きいが、そして誰しも期待したいと願うが、今後も楽観できるか確かではない。

エネルギー資源の現状

世界のエネルギー資源の状況はいまどうなっているのだろうか。石油および天然ガスに関しては次頁の表のようになっている。地球の大きさは一定であり地中に埋蔵されている石油や天然ガスなど地下資源に限りあることは誰にでも分かる。今後どれだけ掘りつづけることができるかという可採年数を見ると、多少の変動はあるが毎年減少しているわけではない。

『成長の限界』の二〇年後の一九九二年、同じ研究グループは『限界を超えて』*を発表した。その時点のデータが示していたのは「多くの資源や汚染のフローがすでに持続可能性の限界を超えてしまっていることがわかった」という悲観的なものであった。しかし「この二〇年のあいだに、持続可能な未来への可能性が狭められた部分はあるが、同時に新たな選択肢も生まれている。この間に開発された技術や新たに設けられた制度によって、人間の生活の質を高めながらも、資源の消費量や経済活動によって生み出される汚染物質の量を削減できる現実的な可能性も出てきた」、「そうした希望的な未来への可能性は残されているという結果」をかれらは出した（『限界を超えて』「はしがき」より）。

『限界を超えて』からさらに十年近く経過したが、楽観的、悲観的、見方は分かれ

＊D・H・メドウズほか『限界を超えて』ダイヤモンド社、一九九二年。

世界における石油および天然ガスの生産量，確認埋蔵量，可採年数

年	石油			天然ガス		
	生産量〔10^6B/D〕	埋蔵量〔10^9バレル〕	*R/P*〔年〕	生産量〔$10^{12}m^3$〕	埋蔵量〔$10^{12}m^3$〕	*R/P*〔年〕
1960	22.0	305	38			
1961	23.5	310	36			
1962	25.5	315	34			
1963	27.4	315	32			
1964	29.5	384	36			
1965	31.7	390	34			
1966	34.5	392	31			
1967	37.0	418	31	0.84	30.5	37
1968	40.4	465	32	0.93	36.4	39
1969	43.8	541	34	0.97	38.2	39
1970	48.1	621	35	1.16	42.0	36
1971	50.8	642	35	1.27	51.8	41
1972	53.5	673	34	1.30	56.9	44
1973	58.5	635	30	1.35	58.4	43
1974	58.6	720	34	1.34	59.4	44
1975	55.7	666	33	1.36	61.5	45
1976	60.1	652	30	1.35	65.8	49
1977	62.6	654	29	1.35	71.4	53
1978	63.1	649	28	1.39	71.5	51
1979	65.8	649	27	1.49	73.0	49
1980	62.7	655	29	1.49	74.8	50
1981	59.4	678	31	1.53	82.4	54
1982	57.0	677	33	1.52	85.9	56
1983	56.7	678	33	1.49	90.6	61
1984	57.8	707	34	1.60	96.2	60
1985	57.3	708	34	1.71	98.0	58
1986	60.2	703	33	1.74	102.2	59
1987	60.2	897	42	1.78	107.6	60
1988	62.2	917	41	1.93	111.9	58
1989	63.5	1 012	41	2.01	113.0	56
1990	64.9	1 009	43	2.05	119.4	58
1991	63.2	1 001	43	2.11	124.0	59
1992	63.8	1 007	43	2.13	138.3	65
1993	64.1	1 009	43	2.19	142.0	65
1994	64.3	1 009	43	2.12	141.0	66
1995	65.1	1 017	43	2.16	139.7	65
1996	67.1	1 037	42	2.27	141.3	62
1997	69.5	1 038	41	2.26	144.8	64

（注） 石油生産量の単位 B/D はバレル/日である．

〈原　典〉"BP Statistical Review of World Energy" のデータ

出典：茅陽一監修／オーム社編

『環境年表2000／2001』オーム社、1999年、369頁

るかもしれない。枯渇性資源の消費増大による地球温暖化と気候変動への影響は否定しがたいものになっている。地球温暖化の原因が温室効果ガスの濃度の上昇にあり、温室効果ガスの多くを占めるのが二酸化炭素である。そして化石燃料の燃焼で二酸化炭素濃度が上昇する。つまり二酸化炭素排出抑制が人類の緊急の課題であることに大方の見方は一致している。ただし、それへの批判や反論もある。*

エネルギーに関して、石炭の可採年数は長く、天然ガスもかなりの埋蔵量が確認されている。石油や天然ガスはエネルギー源としてだけでなく、化学合成素材の原料としても用いられている。いまわれわれの身の回りでは多くの化学合成製品が使われている。日本の場合、石油化学製品の原料としてナフサが用いられ、**石油製品需要に占めるナフサの割合（容量比率）は約二〇％弱になっている。動力源、熱源としての石油需要もあるが身の回りの生活用品のかなりの部分の原料が石油なのである。***

あとで述べるように、石油を原料とするプラスチック製品の廃棄処理との関係で再生利用の問題が大きな課題なっているが、組成品原料としての石油資源枯渇問題でも、プラスチック製品をどれだけ再生利用できるかは今後重要な課題となろう。

金属資源

金属資源についても化石燃料と同様に枯渇の問題があるが、ここでは別の観点か

*地球温暖化に関しては、住明正『地球温暖化の真実』ウェッジ、一九九九年がわかり易く偏りのない記述をしている。

**ナフサは原油を蒸留して得られる。ナフサを加熱分解して、エチレン、プロピレンなどの化学合成原料が生産される。

***石油を原料とする素材が多く用いられるようになったのは加工がし易く安価であるためであるが、加工のための添加剤に生物に有害な物質（内分泌攪乱物質、いわゆる環境ホルモン）があることも分かってきている。

ら金属資源の問題を取り上げよう。金属資源は地下から鉱石を掘り出して精錬する。鉄は鉄鉱石を高炉で溶解し加工して、あるいは別の金属との合金にして製品になる。地中から鉱石を掘り出すとき、当然掘り出しやすいところから、そして鉱石の品位が高いものから掘り出される。その結果、掘り出される鉱石の品位は落ちて行き、採掘経費は上昇して行く。それだけではない。鉱石の品位が落ちると精錬のための製品当たりのエネルギー消費量は高まり、有害不純物の発生が増え、廃棄される鉱滓の量が増えることになる。*

金属資源の枯渇というのは単に資源の枯渇だけでなく、それに伴う環境破壊が発生するのである。有害物質が環境に出ないようにすることは可能だが、そのためには追加的なエネルギーが必要になる。すでに掘り出されている金属資源を有効にリサイクルすることによって地下資源の枯渇に対応できるという見方もあるが、リサイクルのためのエネルギーが必要なことはいうまでもない。鉄製品といっても用途によってさまざまな品質のものがあり、一括して再溶解するわけにはいかない。鉄鋼は炭素の含有量によって硬さが異なる。ステンレススチールはクロムを一八％、ニッケルを八％含む一八―八ステンレスが代表的であるが、油井管のようにクロム、ニッケル、モリブデンの合金が使われているものもある。そのほか海を渡る橋や海岸部での構造物など過酷な環境に耐えるられるよう開発された、さまざまな金属を微妙な比率で含んだ

*鉱石の品位の低下と精錬過程で発生する鉱滓との関係については、D・H・メドウズほか『限界を超えて』ダイヤモンド社、一九九二年、108頁の図を参照。

鉄合金もある。鉄資源はすでに地上に蓄えられているとの見方がある。飲料用のスチール缶の再生利用であれば原料は同質であるので有効かもしれない。しかし品質の異なるさまざまな鋼材を再生利用することが技術的に可能になったとしても、そのためのエネルギー使用は少なくないだろう。

III　廃棄物問題

ゴミ処理の現状

ゴミ処理問題の困難さは改めていうまでもない。ゴミは一般廃棄物と産業廃棄物にわけられる。大雑把にいうと、家庭から出るゴミは一般廃棄物、事業所から出るゴミは産業廃棄物であるといえるが、法律では、事業所から出るゴミで特に指定されたものが産業廃棄物で、それ以外は一般廃棄物ということになる（次頁の分類表参照）。一般廃棄物の処理は市町村の責任で行なわれ、産業廃棄物の処理は事業者の責任で行なうことになる。一部事業所系の一般廃棄物もある。わが国の一般廃棄物処理の仕組みは29頁の図、ゴミ処理のされ方は30頁の表のようになっている。

ゴミはそのまま直接に、あるいは焼却されて埋立てられるが、一般廃棄物の埋立てに用いられる最終処分場の残余容量をみると、日本全国では一九九五年時点で残余年数八・五年であった（平成十一年厚生白書、385頁）。地方ブロック別では、北海道東北が一〇・六年、首都圏四・八年、上越北陸十四・六年、中部八・〇年、近畿七・一

廃棄物の分類

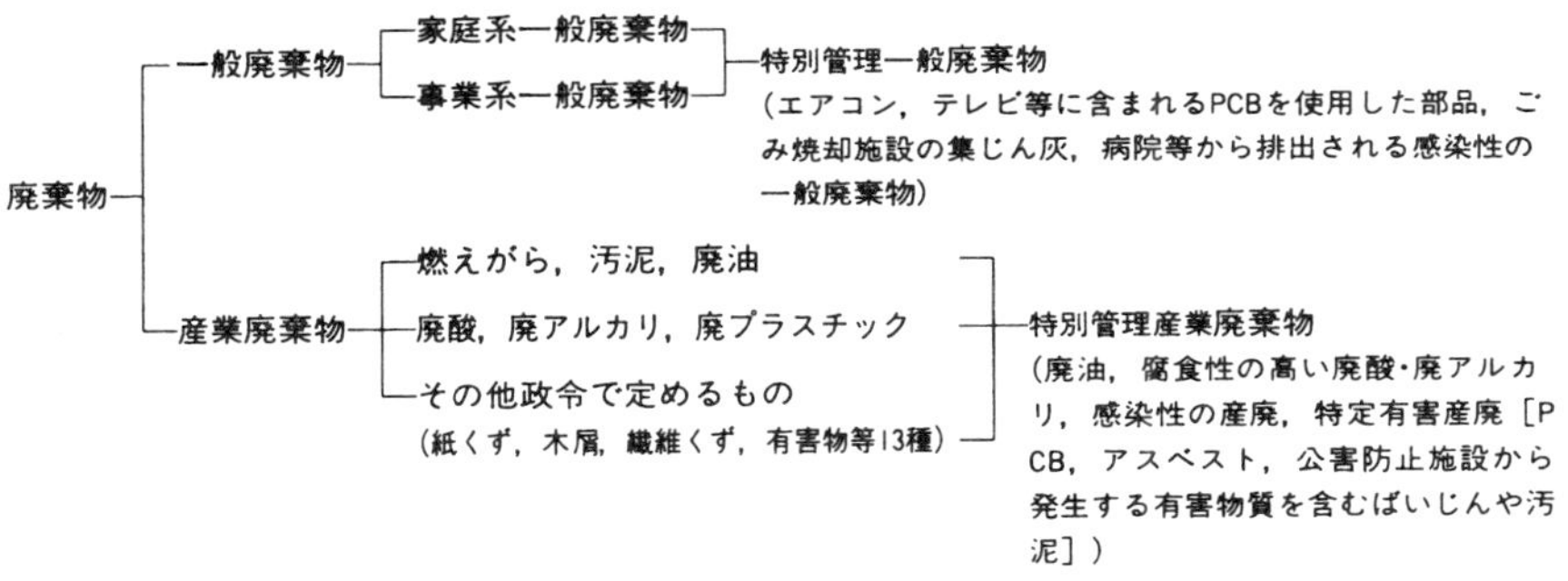

出典：廃棄物学会編『改訂　ごみ読本』中央法規出版、1998年、51頁

年、中国十一・四年、四国七・四年、九州沖縄十二・七年である。*

産業廃棄物の最終処分場の残余年数は一九九七年三月現在、首都圏では一・〇年、近畿圏で二・八年、全国でも三・一年である（平成十一年厚生白書、387頁）。

名古屋市では埋立て処分場が二〇〇〇年度末にはすべて満杯になるということから、新たな処分場を同市の藤前干潟に求めた。藤前干潟は渡り鳥の飛来地として全国有数の地である。当然地元や全国の環境保護団体から反対運動が起こり、環境庁も反対の態度を取った。**

名古屋市は結局一九九九年一月に計画断念を決め、名古屋市長はごみ減量のための緊急アピールを市民に出した。市民に訴えたのはごみの減量とリサイクルである。それまで名古屋市内十六区中九区でしか行なっていなかった空き瓶空き缶の分別収集を一九九九年五月から十六区全区に広げ、またごみ減量化のためにライフスタイルの変換を求め、「ごみ減量チャレンジ一〇〇」をということで市民に対し一人一日一〇〇グラムのゴミ減量を訴えた。

ゴミとダイオキシン

ゴミは燃やすことによって容量を小さくすることができる。しかし、ゴミによっては安易に焼却することができないものがある。悪臭が流れ出し住環境を悪化させる

*茅陽一監修／オーム社編『環境年表二〇〇〇／二〇〇一』オーム社、一九九九年、439頁。

**名古屋市の推進計画と反対運動の推移に関しては、杉本裕明『官僚とダイオキシン』風媒社、一九九九年、第一章「干潟は残った」を参照。

一般廃棄物（ごみ）の処理

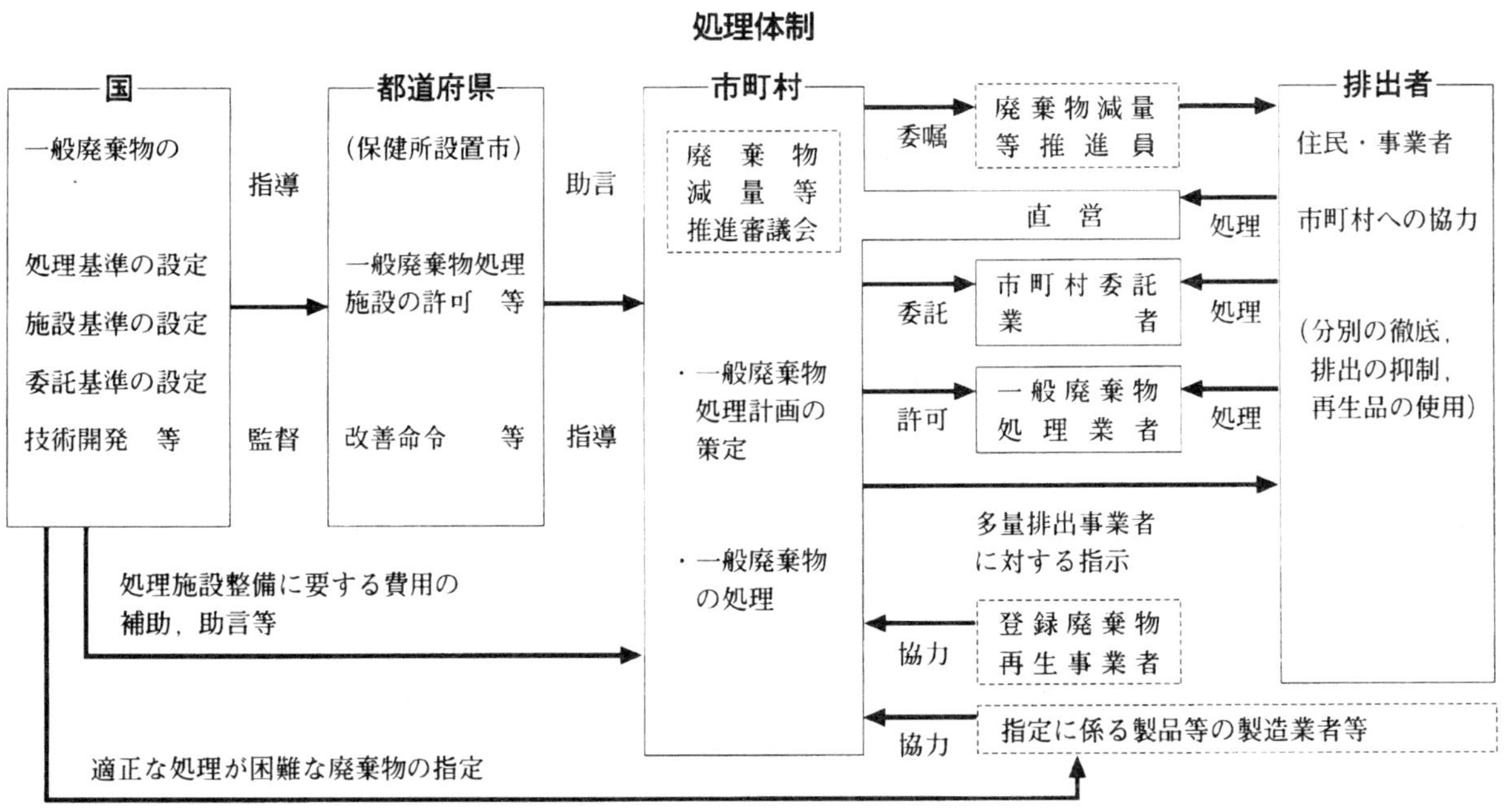
処理体制
国
一般廃棄物の
処理基準の設定
施設基準の設定
委託基準の設定
技術開発　等
指導
監督
都道府県
（保健所設置市）
一般廃棄物処理
施設の許可　等
改善命令　等
助言
指導
市町村
廃棄物
減量等
推進審議会
・一般廃棄物
処理計画の
策定
・一般廃棄物
の処理
委嘱
廃棄物減量
等推進員
直営
委託
市町村委託
業者
許可
一般廃棄物
処理業者
処理
処理
処理
多量排出事業者
に対する指示
登録廃棄物
再生事業者
協力
指定に係る製品等の製造業者等
協力
排出者
住民・事業者
市町村への協力
（分別の徹底，
排出の抑制，
再生品の使用）
処理施設整備に要する費用の
補助，助言等
適正な処理が困難な廃棄物の指定

出典：『平成１１年度版　厚生白書』384頁

ごみ処理の推移（全国）

			1990年度（平成2）		1991（平成3）		1992（平成4）		1993（平成5）		1994（平成6）		1995（平成7）	
人口	総人口	（千人）	123,529		124,150		124,591		124,964		125,186		125,351	
	①計画処理区域内人口	（千人）	123,432		124,055		124,591		124,964		125,186		125,351	
ごみ排出量	収集量	（t／日）	116,424		114,954		115,436		117,801		124,043		120,491	
	直接搬入量	（t／日）	18,563		20,891		19,106		17,398		16,024		15,863	
	自家処理量	（t／日）	3,209		2,861		2,990		2,621		2,389		2,153	
	②合計	（t／日）	138,196		138,708		137,531		137,820		138,456		138,507	
	③1人1日当たり排出量	（g／人日）	1,120		1,118		1,104		1,103		1,106		1,105	
中間処理量				（%）		（%）		（%）		（%）		（%）		（%）
	焼却	（t／日）	100,482	74.4	98,822	72.8	100,012	74.3	100,390	74.3	102,698	75.5	103,955	76.2
	直接埋め立て	（t／日）	27,519	20.4	23,109	17.0	20,094	14.9	19,518	14.4	17,026	12.5	15,631	11.5
	高速堆肥化	（t／日）	241	0.2	156	0.1	159	0.1	173	0.1	134	0.1	135	0.1
	粗大ごみ処理施設	（t／日）	—	—	7,508	5.5	7,674	5.7	7,793	5.8	7,976	5.9	8,177	6.0
	資源化等を行う施設	（t／日）	—	—	4,216	3.1	4,195	3.1	4,677	3.5	5,050	3.7	5,136	3.8
	堆肥化・飼料	（t／日）	10	0.0	—	—	—	—	—	—	—	—	—	—
	その他	（t／日）	6,765	5.0	2,027	1.5	2,427	1.8	2,621	1.9	3,183	2.3	3,303	2.4
	合計	（t／日）	135,016	100.0	135,839	100.0	134,561	100.0	135,173	100.0	136,067	100.0	136,337	100.0

資料：厚生省生活衛生局水道環境部調べ

（注）
1. ③＝②／①
2. 単位未満は四捨五入しているため，合計の数字と内訳の計が一致しない場合もある。
3. 総人口は一部市町村の外国人人口が含まれている。
4. 平成4年7月の改正廃棄物処理法施行より，総人口＝計画処理区域内人口となった。

出典：『平成１１年度版　厚生白書』384頁

と、ゴミ焼却場は嫌われてきた。有害物質が煙突から流れ出すこともある。とりわけ最近ではダイオキシンが問題になっている。* 塩化ビニールのような塩素化合物を焼却したさいに猛毒のダイオキシンが発生するのである。

一九九八年四月、大阪府豊能郡能勢町のゴミ焼却場、豊能郡美化センター周辺で土壌一グラム当たり最高八五〇〇ピコグラムのダイオキシンが検出された（毎日新聞、四月十六日）。その後の調査でさらに焼却施設内では五万二〇〇〇ナノグラムという超高濃度のダイオキシンが検出された。** 過去に検出された濃度の二千倍という（毎日新聞、九月二三日）。能勢町の場合、原因は焼却施設の構造と不適切な運転方法にあったと調査委員会は指摘している。

一九九九年二月に埼玉県所沢市で野菜がダイオキシンに汚染されているとのテレビ報道があったのが切っ掛けで、それまでももちろん問題視されてきたダイオキシンだが、にわかに問題が広がったことはまだ記憶に新しい。

所沢市のダイオキシン汚染騒動を切っ掛けに国会では与野党共同で「ダイオキシン類対策特別措置法案」が取りまとめられ、一九九九年七月に成立。排出基準違反には罰則規定もあり、二〇〇〇年一月に施行された。現在わが国では、人体のダイオキシン耐容一日摂取量を、体重一キログラムあたり四ピコグラムと定めている。

*ダイオキシンに関してはたくさんの本が出版されているが、中南元『ダイオキシン・ファミリー』北斗出版、一九九九年と宮田秀明『ダイオキシン』岩波新書、一九九九年をあげておく。

**ピコグラムは一兆分の一グラム、ナノグラムは一〇億分の一グラム。五万二〇〇〇ナノグラムは八五〇〇ピコグラムの約六千倍。

産業廃棄物

産業廃棄物は排出事業者が責任をもって処理しなければならない、と法律で定められている。だが実際にはほとんどが、いわゆる産廃業者（産業廃棄物処理業者）にその処理が委ねられている。産廃業者が安く処理を引き受けてくれるからである。経費を押さえるために不法投棄を行なう産廃業者がある。産業廃棄物の不法投棄事件は各地で起こっている。また産業廃棄物処理場建設をめぐる地元住民の反対運動などで事件が起こったりもしている。例えば一九九六年に岐阜県御嵩町《みたけ》で、産廃処理場建設をめぐって住民投票実施の意向をもっていた町長が自宅で二人組に襲撃され大けがを負うという事件が起こった。一九九七年一月一四日、産業廃棄物処分場建設の是非を問う住民投票条例が御嵩町議会で可決され、六月二十二日に実施された投票では全有権者の六九・七％が建設反対の意思を表した。

産業廃棄物の不法投棄事件はひんぱんに起こっている。瀬戸内海の島、香川県豊島《てしま》の「事件」は異常な事態といえる。一九七八年二月、香川県は豊島の事業者に、無害の食品汚泥、製紙汚泥、木くず、家畜の糞などの、ミミズ養殖による土地改良剤化事業に認可を与えた。しかし操業開始から違法行為が繰り返され、翌年からシュレッダーダスト*などさまざまな産業廃棄物の運び込みがはじまり、一九九〇年十一月に兵庫県警が摘発するまでそれは続いた。その間豊島住民は違法行為の停止を求めたが香

*廃車になった自動車はシュレッダーで破砕され、金属は回収されるが、ゴムやガラスなどは残る。この残ったゴミがシュレッダーダストである。

川県は適切な対応をしなかった。

住民側は国に公害調停を申請し、公害等調整委員会が提示した中間合意案に基づいて、一九九七年七月中間合意が成立した。産廃処理のための専門家による技術検討委員会が設置され、一九九九年十一月、技術検討委員会は、香川県が提案する処理案（豊島の西にある直島《なおしま》に運んでで処理する直島案）を検討する最終会合で提案を可とした。二〇〇〇年三月、直島町長は県の提案の受け入れを表明をした。*

国内で処理できない廃棄物は外国で処理されることがある。一九九九年フィリピンのマニラで、日本から違法に「輸出」されていた医療廃棄物を含むコンテナ一二二個の廃棄物が見つかった。日本の産廃業者が、古紙としてマニラの業者に送ったものということだが、放置されていたコンテナを調べて分かった。フィリピン政府は有害廃棄物の国際移動を禁じたバーゼル条約に違反するものとして日本政府に引き取りを求め、日本政府はそれに応じて、一九九九年十二月三十一日コンテナを載せた船が日本に向けてマニラを出港し、二〇〇〇年一月十一日東京港に着いた。輸送費は六千万円。産廃業者が逃走しているため、取り敢えず税金を使って焼却処理されたが、処理費用は二億二千万円だったと厚生省は発表した。

以上のことはマスコミ等で大きく報道されたものばかりだが、ゴミ問題は日常の問題である。われわれはゴミをそのままにしておくわけにはいかない。家庭から排出さ

*豊島問題に関しては、曽根英二『ゴミが降る島―香川・豊島産廃との「20年戦争」』日本経済新聞社、一九九九年五月、實近昭紀『汚染の代償　豊島事件の23年』かもがわ出版、一九九九年八月を参照。

れているのはゴミだけではない。汚水、廃熱などもある。家庭内や工場に廃物、廃水、廃ガスなどを溜め込むことは出来ない。貯蔵しなければならないのは明らかな有害物質（ＰＣＢ*や放射性物質）で、その他は何らかの形で外部に放出している。台所、洗面所や風呂場から汚れた水は下水道へと流される。トイレからの汚物は直接か一次処理をして下水へ流されるか、回収処理される。工場からは一定の基準で処理された汚水が排出される。ゴミは清掃局や請負業者によって、産廃処理業者によって収集され処理される。あるいはまた生体の活動で発生する熱、エンジンから発生した熱は外界に逃がされなければ、それらの活動は停止する（後出のエントロピー法則を参照）。

ゴミと物質循環

われわれのの活動は消費生活にしろ生産活動にしろ、外界から資源やエネルギーを取りこみ、廃熱、廃ガス、廃物を外界に捨てることによって成り立っている。捨てることは近年まで問題なく営まれていた。

江戸時代の日本では物質循環が豊かに行なわれていたことが知られている。** 海の幸、山の幸、畑の作物を消費した後の排泄物は、養分として海、山、畑に戻されていた。植物を原料とする生活必需品が廃棄されたあとは焼却され、灰は土に戻され、二酸化炭素は大気に戻り光合成の原料となる。汚水も自然の循環のなかで分解処理されてい

*ＰＣＢ。ポリ塩化ビフェニールの略。耐熱性、絶縁性にすぐれ、いろいろな分野で用いられていた。ＰＣＢがライスオイルに混入したカネミ油症事件（一九六八年）で、多くの人に中毒が発生した。その後、製造、使用が禁止された。

**石川英輔『大江戸リサイクル事情』講談社、一九九四年：講談社文庫、一九九七年。

江戸時代の物質循環

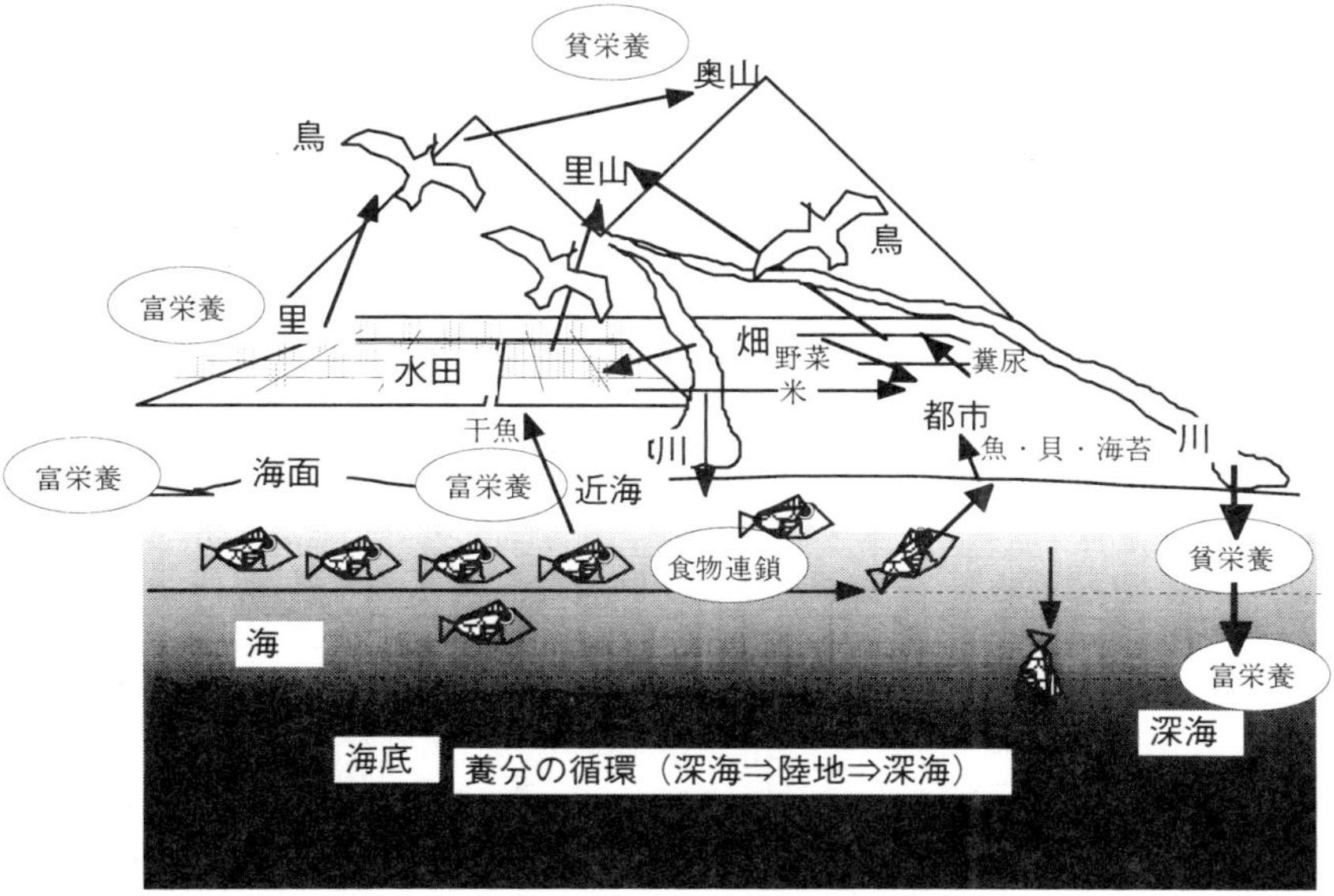

出典：槌田 敦『エコロジー神話の功罪』ほたる出版、1998年、187頁の図「江戸時代の豊かな循環社会」を参照して編集部で作図

た。

廃棄物を自然の循環だけで処理できなくなったのは、地下資源（エネルギー資源、素材資源、金属資源など）を大量に掘り出してしまったことにある。*「植物の利用だけで成り立っている社会は、太陽エネルギーだけですべてを循環させ、人間はその一部を利用しているだけなので、非常に労力はいるものの、環境そのものにはほとんど影響を及ぼさずに生きていける。人間社会全体が自然のリサイクルに便乗して、無理せずにほそぼそと生きていたのだ」（『大江戸リサイクル事情』講談社文庫、301頁）。

このようにかつてわれわれは、自然の循環のなかで暮らしてきた。日本にかぎってみても、高度成長期にはいる頃まではそのような暮らしは残っていた。、科学技術の発達は人間の労力を飛躍的に軽減し、時間を節約する現代文明を急速に築きあげてきた。だが、同時にその科学技術は、人類に危機をもたらしつつあるようにも見える。われわれは自ら百年前の暮らしに戻ることはできないだろう。危機を回避するには科学技術のより一層の進展をまたなければならないのかも知れない。しかし、当面の問題を回避し、未来の世代に何を遺せばよいのか。それを解く鍵の一つが「循環」ではないだろうか。

*「環境破壊とは自然の循環を壊すことである。また、自然の循環が処理できない廃棄物を捨てると環境破壊が生ずる」（槌田敦『エコロジー神話の功罪』ほたる出版、一九九八年、266頁）。

IV　循環型社会への課題

循環型社会という言葉

近年、循環型社会の語をよく見聞きする。言葉自体は十年ほど前から使われているようであるが、「二一世紀に向けた循環型社会の構築のために」のテーマのもとに書かれた『平成十年版環境白書』以来、新聞紙上などもよく見かける。その意味を誰が理解しているかのように使われている。しかし、循環型社会の定義付けに関して、必ずしも一致した見方はないように思われる。言葉の定義にこだわるより現実の困難を解決していくことが重要である、といわれるかもしれない。確かにそうであるが、眼前の諸問題がばらばらに捉えられ、整合性のある解決がなされなければ、新たな問題が生じるかもしれない。

英語文献では「われら共有の未来」と題されたブルントラント委員会報告で*「持続可能な発展sustainable development」が提唱されて以来、「持続可能な」、「持続可能性」といった言葉がよく用いられる。すでに本書で述べたようなさまざまな課題がわれわ

*ブルントラント委員会は、国連決議に基づき一九八四年に設立された環境と開発に関する世界委員会の通称。ブルントラント委員長は元ノルウェー首相。一九八七年に報告書を国連総会に提出した。報告書の邦訳は『地球の未来を守るために』福武書店、一九八七年。

れの社会に存在するが、結局、人間社会を存続させるには何が必要か、どうすれば人間社会は存続可能かということになる。人類の持続可能条件を満たす社会が「持続可能な社会 sustainable society」である。*

筆者はのちに詳論するように、循環こそが持続可能性の条件である、あるいは持続可能性をより具体的に表わすものと考える。循環型社会は持続可能な社会のより具体的な表現である。その意味では最近よく使われている「循環型社会」の用法の多くは適切でない。こういうことを念頭において以下の議論を進めて行くことにする。

二一世紀への「政策方針」

わが国政府は、経済審議会の答申に基づいて「経済社会のあるべき姿と経済新生の政策方針」を一九九九年七月八日に閣議決定した。これは二一世紀初頭の今後の十年間の経済運営の指針となるものである。ここには三つの重要な「政策方針」がある。第一は多様な知恵の社会の形成、第二は少子高齢化のもとで安心できる社会の形成で、第三が環境と調和した循環型経済社会の構築と地球温暖化への対応とされている。

経済審議会の答申が出され閣議決定されたのち、「政策方針」を具体化させるために経済企画庁は総合計画局長のもとに五つの研究会を発足させた。その一つが「循環

*英語文献で循環型社会と訳せる語は見当たらず、持続可能な社会が一般的である。後出のカール＝ヘンリク・ロベールのスウェーデン語の著書では循環社会または循環型社会と訳せる語 **kretsloppssamhället** が使われている。

型経済社会推進研究会」で、新聞報道によれば廃棄物の再生利用やリサイクルの構築に向けて動脈産業の在り方と静脈産業の育成を検討するという。*

経済企画庁総合計画局の監修で出版された『「経済社会のあるべき姿と経済新生の政策方針」50のキーワード』** は、「『循環型経済社会』とは、廃棄物の発生を極力抑制し、効率的なリサイクル（リユースを含む、以下同じ）の促進を内在化させた経済社会である」と定義している。また「『循環型経済社会』を構築するためには、行政の基本スタンスを廃棄物の適正処理に重点を置いたものから廃棄物の発生抑制とリサイクルを促進するものへと一層変革するとともに、生産者、消費者、行政等の各経済主体が、従来の枠組みを超えて自らの責任を自覚し、その責任を効率的に果たすインセンティブが働くよう、リサイクルのための行動基盤を形成する必要がある」とも述べられている（同書82～83頁参照）。確かに「政策方針」を特集した雑誌の座談会で、経済企画庁総合計画局長は「循環型経済社会は廃棄物を念頭においての議論で」と明言していた。***

実際、具体的な施策としては、廃棄物の発生抑制、リサイクル・リユースの徹底、そのための経済的手法の活用、環境ラベル、企業の環境会計・環境報告書等の情報公開、グリーン購入、国際協力、動脈―静脈一体型の産業構造・技術基盤の形成、ライフサイクルアセスメント手法の確立、廃棄物ゼロのための産業の集積、事業者間の連

*従来からの製造業を動脈産業というのに対し、廃棄物を回収し再生利用する産業を静脈産業という。

**経済企画庁総合計画局監修『「経済社会のあるべき姿と経済新生の政策方針」50のキーワード』国政情報センター出版局、一九九九年十二月。

***『ESP』一九九九年九月号、16頁。

自然の循環とリサイクル

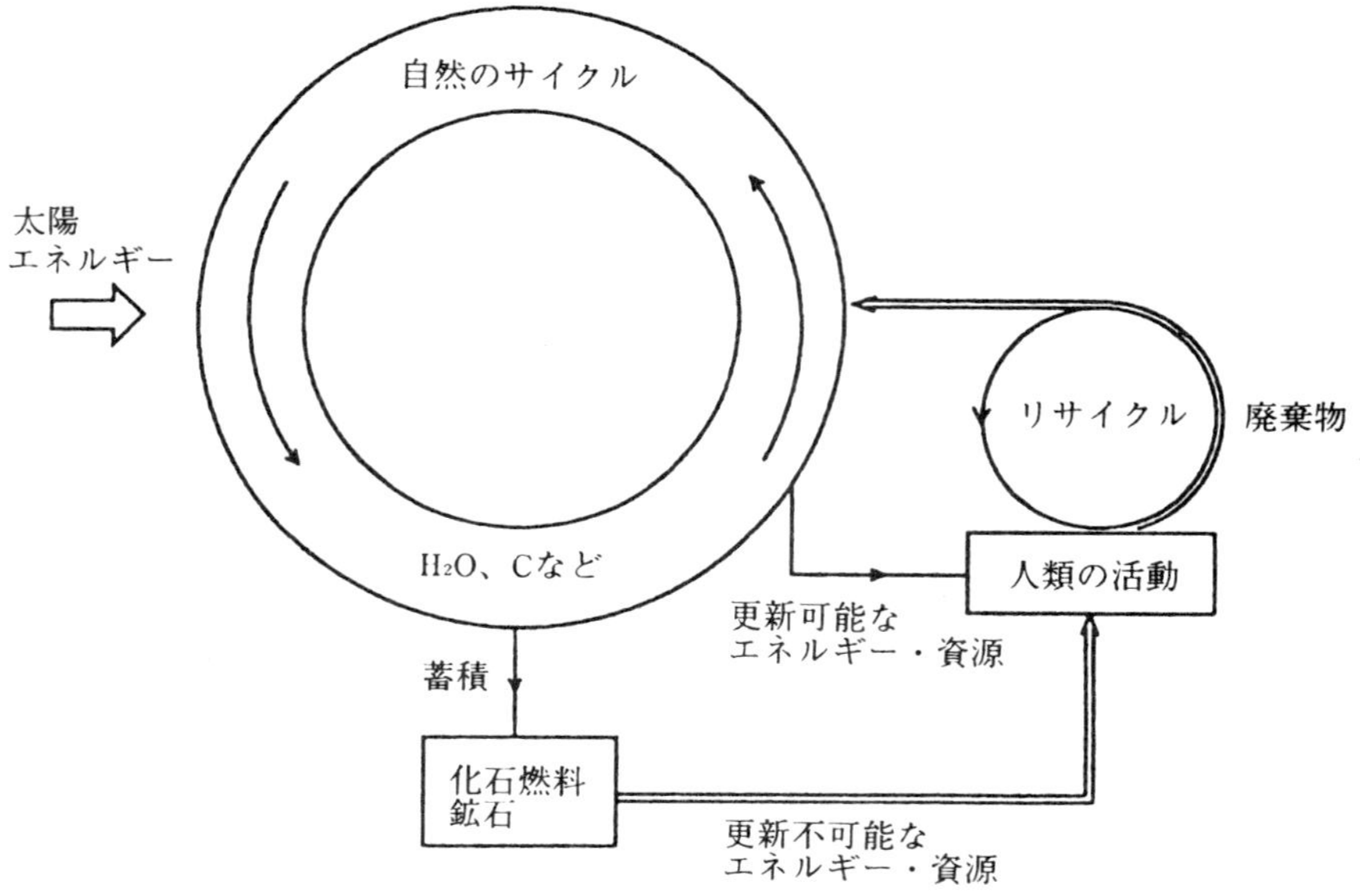

出典：鈴木 胖編著『リサイクル工学 — 循環型社会の構築を目指して —』
　　　エネルギー・資源学会、1996年、4頁

鈴木胖氏によるこの図は、地球上の自然の循環（サイクル）とリサイクルの関係を表しているが、松本の解釈を含めてこの図を解釈するとこうである。循環型社会では自然の循環が基本で、そこには大気循環、水循環、炭素循環などが含まれる。自然界から取り出した資源やエネルギーを利用したあとの廃物、廃熱を、自然の循環に戻すのではなく、再利用、再生利用するのがリサイクルである。後述のようにリサイクルするにも、自然の循環からの資源、エネルギーが必要で、リサイクルが進めばすべて問題が解決するわけではない。自然の循環との調和がなければならない。近代工業社会より以前には、人々は自然の循環にそって生活していた。

携、技術開発・導入への支援、等々の実施、推進が唱えられている（「経済社会のあるべき姿と経済新生の政策方針」大蔵省印刷局、一九九九年、35〜37頁）。

廃棄物の発生抑制と徹底的な再資源化が強調されているとはいえ、廃棄物だけを念頭に置いた議論、政策方針であるなら、循環型経済社会といわずリサイクル社会という耳慣れた言葉を使ってもよかったのではないか。言葉が目新しければよいというわけではない。「リサイクル社会」という、ある種手垢の着いた言葉より比較的目新しい「循環型」を選んだだけなのか。*

確かに、本書でも述べたように廃棄物問題の解決は焦眉の課題である。だから廃棄物問題の解決に国全体をあげて取り組んで行こうという「政策方針」や同様の取り組みをしている各省庁の姿勢を批判するつもりはない。ただ、現下の廃棄物問題が解決すれば循環型社会が出来上がるのだ、問題は解決するのだ、という見方には与しがたいだけである。大量生産・大量消費・大量廃棄の二〇世紀型社会から環境保全型社会への転換（『平成十一年版 環境白書 総説』169頁参照）といっても、大量生産・大量消費・大量リサイクルの社会になるのではないかと危惧する。その証拠に、実際に行なわれているいまの政府の財政運営、経済運営を見れば、景気回復のためにいかに消費を増やすかということに腐心しているではないか。

*『厚生白書』にはほぼ同じ文章で、平成九年版（222頁）で「リサイクル型社会」となっていた箇所が平成十年版（307頁）、平成十一年版（279頁）で「循環型社会」と言葉が置きかえられている例がある。中央政府レベルでは縦割り行政の現われか、同じく「循環型社会」といっても展望している範囲に違いがある。例えば、国土庁の所管でやはり閣議決定された『21世紀の国土のグランドデザイン—地域の自立の促進と美しい国土の創造』（大蔵省印刷局、一九九八年）と題する第五次全国総合開発計画では、美しい国土を健全な状態で将来世代に引き継ぐために、自然環境の保全と回復を図るとともに、人の活動と自然とのかかわりを再編成していくことが重要であり、「自然の再生能力や浄化能力を活用しつつ、資源・エネルギーの循環的、効率的利用を進め、自然界の物質循環への負荷の少ない諸活動の営みを可能とする循環型の国土を形成していくことが必要である」と述べている（11頁）。

＊経済が発展するにしたがって、産業の比重が農業から製造業へ、そして商業、サービス産業へと移っていくことをW・ペティが指摘し、コーリン・G・クラークが実証した。

不況と失業

話は本論からそれるが、現下のわが国政府のの不況対策にふれておきたい。不況で何が一番の問題かといえば、それは失業である。産業には衰退していくものと発展拡大していくものとがある。不況下のわが国でも情報関連産業はまだまだ拡大していこうとしている。経済が発展するにつれて第一次産業から第二次産業へ、さらに第三次産業へと比重が高まっていく（ペティ＝クラークの法則）＊。わが国の第一次産業の比重の低さは、食料自給の観点から問題はあるが、第二次産業とりわけ輸出産業によって補われている。自給率が低下しても食料が確保でき、経済のサービス化、情報化が進み第三次産業の比重がますます高まっていくのも、製造業における生産性向上によるる。すなわちハード（ハードウエア）の生産で著しい生産性向上があればこそ、就業構造において製造業の比率が低下していくのである。言い換えれば、同一人口の生存に必要な生活物資を生産するための労働投入量は低下しているのである。モノの生産で労働生産性が向上しているのにそれまでと同じ労働量を雇用しつづけようとすれば、必ずしも必要でないものを便利だといって消費者に買わせなければならない。不要不急の土木工事もしなければならない。資源の無駄使いである。それを避ける方法は、雇用は確保するが労働時間を短くすること、ワークシェアリングである。

資本主義経済では利潤獲得動機によって企業は労働生産性を高めてきた。その結果、生存のための必需品生産に必要な労働量は減少した。つまり、労働時間を短縮してもわれわれは生活していけるし、自由な時間を楽しむことができるはずである。

社会の必要総労働量が減少しても一人一人の労働時間を短縮して雇用者数は減らさない。このことは個別企業ではできない。政府は雇用確保のために無駄といわれる公共事業に予算をつける(しかも国債という名の借金を重ねて)よりもワークシェアリングの制度化を図るべきである。不況対策によってバブル期よりも土木建設従業者数は増えている。しかし失業者総数は増加している。一九九八年度の日本経済は実質、名目ともGDP成長率はマイナスになった。とはいえ絶対的な生産水準は、総額でも国民一人当たりで見ても世界的にきわめて高い水準にある。

財政出動による総需要増大策の効果が一時的でしかないのは、民間投資への呼び水になっていないからであるが、それは社会の需要がある種飽和状態になっているからだといえる。従来型の、生産の拡大が社会にとって善であるという考え方を転換すべきときが来ている。国土保全および食料自給率向上の観点から、森林および農地の確保・保全は進めて行かなければならない。製造業に関しては、今後は量的な拡大よりも質的な向上を目指す必要があろう。それは資源問題、エネルギー問題、廃棄物問題の観点からも求められることである。

地球という容量

停滞する日本経済に対し、長期的な観点からその構造改革が求められているが、それはグローバルスタンダードという名の下でのアメリカンスタンダードへの移行を図ろうとするものではないだろうか。アメリカへの追随は何をもたらすだろうか。地球温暖化防止京都会議*を見てもわかるように、アメリカは結果的には温室効果ガスの七%削減を受けいれたが積極的ではなかった。アメリカは国内の環境保護規制は厳しいが国際的には自国の行動を制約されることを好まない。それはアメリカが資源大国、軍事大国で、他の国が亡んでも生き延びることが出来るからだ。

われわれは地球という容量を越えて活動することは出来ない。もし越えてしまうと後戻り出来ないかもしれない。われわれが利用しているエネルギーのほとんどは太陽からのエネルギーに由来する。地下に蓄えられている化石燃料も、そもそもは太陽エネルギーにに由来する。地球自身に源があるのは地熱くらいだろうか。石油や石炭の起源は数千万年前から数億年前にさかのぼる。それをせいぜい数百年で掘り尽くしてしまおうというのが今の産業社会である。石炭や石油の生成を循環型にしようとしても事実上不可能である。

*一九九七年十二月に京都で開催された気候変動枠組条約第三回締約国会議のこと。COP3と略称。

持続可能な社会としての循環型社会

われわれの社会が持続(あるいは永続)するための条件はどのようなものであるか、持続可能な社会とはどのようなものか。話を進めるために、ここで循環型社会に関する一つの提案を紹介することにしよう。

スウェーデンの医師カール＝ヘンリク・ロベールが一九八九年に創設した「ナチュラル・ステップ」という環境保護団体がある。その運動は世界に広がり、わが国でも「ナチュラル・ステップ・ジャパン」が設立されている。*

ロベールの二つの著書(スウェーデン語)は幸い日本語に翻訳されている。**

ロベールは「今、要求されるのは…手遅れにならないうちに人間社会を自然循環に合わせようとするグローバルな文化を構築することです」(『ナチュラル・チャレンジ』6頁)、「循環という哲学が、当然のごとく新しい世界像の基盤となるだろう」(同前、186頁)という。かれは四つの自然科学的基本原理のもとに循環原則を示し、循環型社会の四つのシステム条件を提示する。

四つの基本原理とは次のようなものである(同前、58〜59頁)。

一　物質とエネルギーは、消えたり新しくつくられたりしない。

二　物質とエネルギーは、拡散する傾向にある。つまり、遅かれ早かれ人間社会に取り入れられた物質は、自然界に露出して行く(拡散するが消えることはな

*ナチュラル・ステップ・ジャパンのインターネット　ホームページは、http://www.tnsj.org/

**市河俊男訳『ナチュラル・ステップ』新評論、一九九六年、高見幸子訳『ナチュラル・チャレンジ』新評論、一九九八年。

い)。

三　物質の価値の特徴は、その濃度と構造である。つまり、濃度と純度と構造性が高くなればなるほど、その物質の価値が高くなる。

四　植物細胞が、地球上の物質の濃度と構造をネットで増加させている。地球上の物質濃度と構造の秩序を保つためには、地球外部からのエネルギーが必要である。植物は、地球に常に注がれているエネルギー、つまり太陽光を直接利用することができる。

この四つの基本原理からロベールが導く循環原則とは、廃棄物を自然界に増やし続けてはならない、地球上の再生可能な資源の利用は少なくとも分解され再生される量と同じでなくてはならない、ということである。「ですから、持続可能な社会とは、リサイクルをすることだけを言うのではありません。リサイクルは、自然循環に統合されている社会の中の小さな技術的な局面でしかありません」(同前、59頁)。

ロベールのいう循環型社会の四つのシステム条件は次のとおりである(二冊の著書とホームページ掲載の文章で表現に小さな相違がある。ここではナチュラル・ステップ・ジャパンのホームページの文章を引用した)。

一　地殻から取り出した物質が、生物圏の中で増え続けない。
二　人工的に作られた物質が、生物圏の中で増え続けない。
三　自然の循環と多様性が守られる。
四　人々の基本的なニーズを満たすために、資源が公平かつ効率的に使われる。

カール＝ヘンリク・ロベールの四つの自然科学的基本原理、四つのシステム条件の考え方自体は、彼だけの独創とは必ずしもいえない。彼の独創性はそれらを社会運動の実践に応用し、実現しようとし、実現しつつある点にある。スウェーデンはもともと地球環境問題に早くから取り組んでいる国である。ナチュラル・ステップはスウェーデン国王の後援を得、国内企業の支援も得ているようである。著書には企業の実践例が紹介されている。

ロベールの四つの基本原理、四つのシステム条件は必ずしも独創的でないといったが、それは彼の運動を過小評価したいがためではない。純粋に学術的な面からである。熱力学の第一法則、第二法則がある。熱力学の第一法則はエネルギー保存の法則ともいわれ、物質やエネルギーは量的には変化しないことをいう。第二法則はエントロピー増大則であり、不可逆性の原理である。ロベールは著書で熱力学第一法則、第二法則に言及しており、彼のいう自然科学的基本原理は熱力学の第一法則、第二法則の別様の表現といえる。われわれは自然科学的法則に逆らって生きていくことはできない。自然科学的法則に則った社会の在り方が循環型社会ということになる。*

定常開放系としての地球

ここで地球上の生命活動がどのように支えられているか見ておくことにしよう。

地球は大気に覆われている。大気とは主に窒素と酸素で、それにアルゴン、二酸化炭素その他の少量の気体と水蒸気からなる（水蒸気も気体だ）。地球に到達する太陽光エネルギーは、一部は大気に反射され一部は地表に到達する。地表に到達した太陽エネルギーは、一部は輻射熱として放出されるが、残りは地球上の生命活動を支えている。

地球上の生物は生存過程で熱を発生するが、熱は体外に放出されなければならない。人間が食事をし活動するとき排泄、排熱をしなければ死んでしまう。排泄物はバクテリアによって分解され熱が発生する。地表で発生した熱は、放射によるか、水蒸気によって持ち去られ大気圏外に放出される。地球が大気・水蒸気に覆われていることによって、太陽から注がれる熱と大気圏外へ放出される熱とがバランスして、地表温度は平均十五度Cに保たれているのである。もし地球に水と大気がなければ月のような状態になる。このように地球は大気圏の内と外とでエネルギーのやり取りがあるとい

*自然科学的法則に逆らって社会は成り立たないことを槌田敦は『資源物理学入門』（NHKブックス、一九八二年）で示した。

地球 - 大気系の年平均エネルギー収支

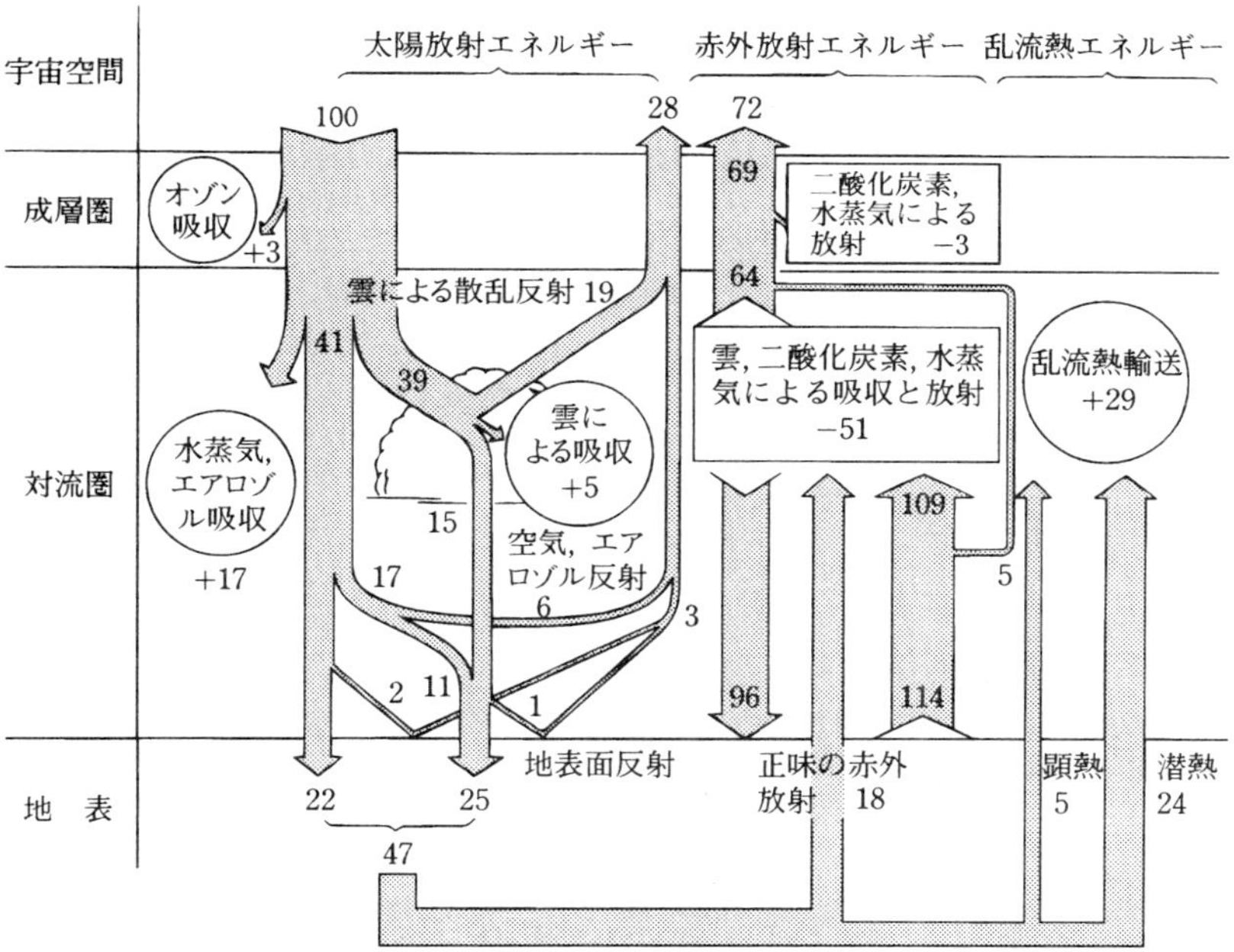

出典：小池俊雄「水惑星としての地球」『岩波講座　地球惑星科学 3 地球環境論』岩波書店、1996 年、63 頁。地球圏への太陽放射を 100 単位として表示してある。

う意味で開放系であり、状態が一定に保たれているという意味で定常系である。ここには大気の循環が大きな役割を果たしている。

エントロピー増大の法則

人類は、最初は植物や動物という更新性の資源によって生存してきた。人類が火を使うことを知り、地下資源を利用するようになったとき、地下資源はすでに存在していた。燃料としては最初は木を燃やし、あるいは炭にして用いた。その後石炭、石油が、そして天然ガスや原子力燃料が地下から取り出された。鉱物資源も同様である。石炭、石油、天然ガスなどは燃焼されれば熱や気体になって拡散してしまう。鉱物資源も地下から取り出され製品になったものは、建築物の構造材のようにある程度まとまった形で存在し、劣化した後再生されるものもあるが、多くは拡散してしまう。

地球上の物質やエネルギーは、熱力学の第一法則によって、消滅することはない。しかしその状態は変化する。つまり物質やエネルギーは拡散して行く、言い換えれば使いやすい形から使いにくい形に広がって行くのである。仕切りをした水槽の一方に色のついた水をいれ、他方に透明な水をいれ、仕切り板を取り外すと一様に混ざってしまう。同様に一方に熱湯をいれ他方に冷水をいれた場合、いい湯加減になっても熱湯と冷水に自然に分かれることはない。このように物質やエネルギーは不可逆的に状

＊一般的には地球は閉鎖系であるといわれている。

態を変化させる。このような不可逆性の原理が熱力学の第二法則で、エントロピー増大則ともいわれるのである。

ナチュラル・ステップのロベールのいう自然科学的基本原理と四つのシステム条件を紹介した際にもふれたが、ここで循環型社会を理解するために熱力学の第二法則（エントロピー増大則）についてもう少し見ることにしよう。*

物質やエネルギーに関して、熱力学の第一法則、第二法則が基本である。エネルギーや物質は量的には変化しない（熱力学第一法則）が存在の仕方は変化し、しかも拡散の方向で変化する。拡散の程度を示す指標をエントロピーという。エントロピーは増大する（熱力学第二法則）。植物の光合成は、水と二酸化炭素と太陽光エネルギーで炭水化物を作る、すなわち拡散している物質を集めて物のエントロピーを減らしているが、その過程でそれ以上のエントロピーが熱と共に放出されている。そうすると地球上ではエントロピーが増加しつづけることになるのかというとそうではない。地球が閉鎖系（物質やエネルギーの出入りがまったくない）であるなら生物の活動によってエントロピーは増大し続ける。しかし地球は物質の出入りはほとんどないが（例外は大気圏外へのロケットや宇宙船の発射、隕石の落下など）、エネルギーは熱放射の形で出入りしている。地上で発生した熱エントロピーは水蒸気によって運ばれ大気圏外に放出されるのである。水蒸気を含んだ大気が上昇し、熱を放出し雲となり雨

*以下の記述は『エントロピー論入門』（エントロピー学会関西セミナー、一九九一年）を要約しながら用いている。勝木渥『物理学に基づく環境の基礎理論』海鳴社、一九九九年も参考になる。

となって地表にもどる。その意味では地表と上空の間での水・大気の循環は非常に重要である。

このように地球と宇宙との間でエネルギーのやり取りがあり、地球で発生するエントロピーは宇宙へ捨てられ、増大することなく一定状態を保つ。この意味で地球は定常開放系であるという(宇宙にエントロピーを捨てつづけることができるのはビッグバン以来宇宙が膨張しつづけていることと関係があるようだ)。

物質やエネルギーを利用したとき発生するエントロピーをどう廃棄するのか、捨て場があるのかが問題になる。わたしたちの家庭でいろんな生活物資を購入しても、使った後で捨てなければ家の中はゴミやし尿で埋まってしまう。水道から使った水は排水しなければならない、ガスや電気の熱は外へ出さなければならない。

われわれは低エントロピー状態の所与の資源やエネルギーを使って高エントロピー状態(廃物、廃熱)にしているが、それは熱放射によって宇宙へ捨てられているのである(自動車エンジンは発生する熱を捨てなければ動かなくなる)。

地球全体でみれば、太陽エネルギーを取りこみ、廃熱を宇宙へ捨てている。地球上の生態系における植物→動物→微生物の食物連鎖において、太陽エネルギーが取りこまれ、廃熱が捨てられる。植物は土から養分や水を吸収し二酸化炭素を取り入れ光合成を行ない成長する。動物は植物を食べ酸素を呼吸し、二酸化炭素を出し排泄をする。排泄物は微生物によって分解され土に戻るが、分解過程で生じる熱は大気の循環によって宇宙へ捨てられる。これらが自然の循環にそって行なわれていれば環境問題は起こらない。自然の循環の能力を超えて高エントロピー物質が排出されても捨て場の余地があるうちは問題が顕在化しなかっただけである。

生命活動維持のための条件——槌田敦の七つの条件*

地球が開放系であることから、地球上で生命の活動を維持するための七つの条件が槌田敦によって提示されている。そこにはすでに述べた熱力学の基本法則が、とりわけエントロピー論がその基礎にある。槌田が提示する条件のまず六つは、

一　資源の導入
二　廃物・廃熱の廃棄
三　物質循環（作動物質の循環）
四　物のエントロピーを熱のエントロピーに変換する生態系の循環
五　地球規模の養分の大循環（養分の重力分布を免れる地球規模の循環）
六　生態系の遷移

である。

人体でいうと、資源の導入は食料、水、酸素の取りこみで、廃物・廃熱は体外への

*槌田敦「エントロピー論による『循環』とは——活動を維持するための7つの条件」『地域開発』一九九七年十月号、『エコロジー神話の功罪』ほたる出版、一九九八年。また、室田武ほか編著『循環の経済学』（学陽書房、一九九五年）所収の諸論文も参照のこと。

排泄、物質循環は血液、リンパ液などの体液の循環である。地球でいえば、第一の条件は太陽エネルギーの導入、第二条件は宇宙への放熱、そして第三条件は大気と水（水蒸気）の循環である。

槌田は地球をエンジンにたとえて、地球というエンジンを動かす燃料が太陽エネルギー、エンジンから出る排ガス・排熱が大気圏外に放出される熱エントロピーであり、エンジン内のピストン運動を行なわせる空気（外部から燃料を取りこみ、外部へ廃物を送り出す空気で、エンジンを動かす作動物質である）の運動が地球の廃熱を宇宙に捨てる大気の循環であるという。

第四と第五の条件は生命系の活動を維持するのに必要な条件である。物のエントロピーは大気の循環では宇宙へ捨てることができないので、物のエントロピーを熱のエントロピーに変換して捨てなければならない。それを行なっているのが生態系の食物連鎖による循環であり、この過程で廃物は廃熱に変換され宇宙に捨てられる。これが第四の条件である。

生命が存続するには養分がいる。山の養分は水に溶けて流れ、陸の養分は海へと流れる。海の養分によって魚が育ち、海鳥がそれを陸に上げ、陸鳥が山に上げる。あるいは川を遡上する魚を獣や鳥が陸に引き上げる。また人間が引き上げる。第四の条件も養分循環を含んでいるが、第五番目の条件は海、陸、山の間の養分循環である。

はじめの五つの条件が地球上の生命活動が維持されるための基本条件といってよいと思われるが、槌田はもう一つの条件を加える。

例えば太陽黒点の運動や火山活動によって地球環境は不安定である。環境が変化したとき生態系そのものが変化する。ある生態系が別の状態の生態系に変化する。これを生態系の遷移というが、槌田は生命活動が維持される第六番目の条件とする。ただこれは生命活動一般の維持であっても、人間活動の維持とは必ずしもいえないのではないか。地球上ですでに滅んでしまった生物は多く知られている。ということは、地球環境の変化があって、遷移によってある生命体は生き延びても、あるいは新しい生命体が生まれても、人類は滅びることもありうるのではないか。

槌田は人間社会の活動維持のための条件として、「需要と供給の関係による社会の物質循環」（物流）を第七の条件として加える。これは人間が共同体の経済でなく市場取引を行なっていることを当然の前提としている。現在でも地球上では自然の中での共同体生活を送っている民族がある。社会的分業に基づく市場経済、商業社会では市場メカニズムといわれる機構によってモノの流れとカネの流れが調整される。不況とか、金融不安が起こったり、企業の経営破綻が起こるのは、そういった流れがうまく行かないためである。流れがうまく行かない理由には市場機構そのものに主に原因がある場合と市場参加者に主に原因がある場合とがあろう。またここには国際貿易を通じた物質循環もはいってくる。槌田は自由貿易に名のもとに行われている現在の国際貿易を批判する。理由付けは別にして、筆者は現在の貿易の在り方に問題があるという槌田の結論には賛成する。しかしながら、国際貿易は需要と供給の関係によって行なわれている。だから、「需要と供給の関係による社会の物質循環」というだけでは人間社会の活動維持の条件というわけにはいかないだろう。*とはいえ、槌田の所説は循環型社会構築の基礎となるべきものと評価できる。

*必要な調整がいつも瞬時にスムーズに行われるというのが市場メカニズムであるが、なすべき調整が温存され積もり積もって噴出すのが経済恐慌である。

ゼロエミッション構想とエコタウン事業

すでにふれたように、最近のわが国政府の循環型社会の提唱は、まさに廃棄物問題の解決をにらんだものであるが、そういう観点から実際に実現に向けて研究が進められている。その中からいくつかのものを見ておこう。

一九九四年に国際連合大学はゼロエミッション研究構想を発足させた。** エミッションemissionを手近の英和辞典で引くと、光・熱などの放射、紙幣などの発行とあるが、ゼロエミッション構想は廃棄物をゼロにすることを目標にしている(ここまでの読者は、少なくとも生産活動を継続するときエネルギーの新規投入と熱の排出をゼロにすることは不可能であることは理解している)。

**国連大学のゼロエミッション研究構想に関しては、フリッチョ・カプラ／グンター・パウリ編著『ゼロ・エミッション』(一九九五)ダイヤモンド社、一九九六年も参照。

一九九七年度に発足した文部省科学研究費・特定研究領域「ゼロエミッションをめ

ざした物質循環プロセスの構築」（領域代表者・東京大学生産技術研究所鈴木基之教授）は研究の背景と目標を明らかにしている（ホームページ http://envchem.iis.u-tokyo.ac.jp/ZeroEm/）。要約すると、

「わが国では輸入された資源・エネルギーを利用して工業製品を製造し、これを輸出して得た外貨でさらに資源・エネルギーおよび食糧を輸入している。輸入された原料の全てを製品に転換することは不可能であるから、工業製品の製造量に比例して未利用物質すなわち廃棄物の発生量が増加することになる。」

「わが国では狭い国土に多量の資源・エネルギーを投入して多量の工業製品を製造しており、国民一人当たりあるいはＧＤＰ当たりのエネルギー消費量は欧米諸国に比較して大幅に小さいものの、利用可能な国土面積当たりのエネルギー消費量、ＧＤＰそして廃棄物発生量は欧米諸国をはるかに凌いでいる。」

「排水、排ガス、廃棄物に代表される地域の環境問題をひとまず回避するためには、廃棄物の減容化や排水、排ガス等に含まれて水圏、気圏、地圏へ移動する汚染物質を分離除去すなわち処理することになるが、これらを実施するためには施設設備の建設や運転に多量の資源・エネルギーを必要とするので、形を変えた環境問題を新たに引き起こすことになる。地域および地球規模での環境問題が深刻化することを少しでも避けるためには、排出された廃棄物や汚染物質を処理するのではなく、できる限り資

源エネルギーを有効に使用し、環境への負荷すなわちエミッションを出来るだけゼロに近づけることのできるライフスタイルの導入と、社会システムおよび生産システムの構築が急務である。」

つまり、この研究が目指しているのは、産業、企業のネットワーク化によって、従来未利用であった物質を原料化し、エネルギー利用の高効率化を図ることによって、排出を抑制する、ゼロにすることであり、加えて環境負荷低減の社会システムの導入と、生態系と人間活動の間の健全な物質循環の維持の必要性をうったえている。

通商産業省は一九九七年度、エコタウン事業を発足させた。通産省によれば「エコタウン事業は、『ゼロ・エミッション構想』（ある産業から出るすべての廃棄物を新たに他の分野の原料として活用し、あらゆる廃棄物をゼロにすることを目指す構想）を地域の環境調和型経済社会形成のための基本構想として位置づけ、併せて、地域振興の基軸として推進することにより、環境調和型の地域経済形成の観点から既存の枠にとらわれない先進的な環境調和型まちづくりを推進することを目的として、平成九年度に創設された制度」である。一九九七年度には北九州市、川崎市、岐阜県、長野県飯田市の四地域のエコタウンプランが承認されている。北九州市はかつて八幡製鉄所および周辺事業所から出る公害のまちであったが独自に環境保全都市を目指してきたまちである。*

＊循環型産業都市モデルを目指す北九州エコタウンの現状に関しては、高杉晋吾『北九州エコタウンを見に行く。』ダイヤモンド社、一九九九年、参照。

A社からの排出物をB社の原料として用い、B社から出る排出物をC社の原料に用いる、そしてC社の排出物を……というような連鎖を形成することが出来れば、廃棄物問題は解決するというのが国連大学のゼロエミッション構想であり、通産省のエコタウン事業に他ならない。これらは工業部門間の物質循環の形成が主であるが、エネルギー投入に関してどれだけ考慮されているのか、疑問は残る。廃棄物を有用物に換えるにはエネルギーの投入が必要である。古紙にしろ廃金属にしろ、有用物として再生利用するためにはエネルギー投入が必要なのである。

鈴木基之教授を代表とする「ゼロエミッションをめざした物質循環プロセスの構築」研究班はライフスタイル、社会システムの変換を視野においた、なにより地域の物質循環の確立を目指している点で、その成果を期待したい。*

インバース・マニュファクチャリング

資源問題、廃棄物問題を眼前にして、営利企業でも、売ってしまえば後は知らないとはいえなくなってきている。二〇〇〇年四月には容器包装リサイクル法が完全実施される。この法律は正式には「容器包装に係る分別収集及び再商品化の促進等に関する法律」というように、ガラスビン、ペットボトル、スチール缶、アルミ缶、スーパーマーケットやコンビニでわたされるプラスチック袋（買い物袋）などを回収して、再

*ホームページ上の図解が参考になる。

商品化しなければならないのである。これまではガラスビン、ペットボトルのみに適用されていたが二〇〇〇年四月よりプラスチック製の容器包装、飲料用紙パック以外の紙製容器包装にも適用される。* 容器や包装を用いて商品を販売する事業者は自ら回収して再商品化を行なうか、国の認定を受けた指定法人（財団法人日本容器包装リサイクル協会）に委託料を支払わなければならない。

家電リサイクル法（特定家庭用機器再商品化法）が一九九八年に成立し、同年十二月一日に施行されたが、準備期間をおいて二〇〇一年四月から本格施行されることになった。対象は当面、エアコン、テレビ、電気冷蔵庫、電気洗濯機であるが、小売業者は使用済みの家電製品を引き取って製造者に引き渡し、製造者はそれをリサイクルしなければならないのである。さらには、建設廃材の再資源化を目指す「建設工事の特定資材再資源化法」が、食品メーカー、ホテル、外食産業などに生ゴミの減量とリサイクルを求める「食品廃棄物再商品化法」が準備されている（二〇〇〇年一月召集の国会に提出される予定）。

このような背景と並行して、産業界ではリサイクルし易い製品の開発を進めている。製品に使われる素材や部品の数を少なくしたり、ユニット化で分解し易くしたり、設計段階からリサイクルし易い製品づくりを進めている。そこで出てきたのがインバース・マニュファクチャリング（Inverse Manufacturing、逆工場）の発想である。

＊スチール製容器、アルミ製容器、飲料用紙製容器は、有償または無償で譲渡できることが明らかなため、再商品化義務の対象外となっている。

インバース・マニュファクチャリング構想の提唱者は吉川弘之氏（日本学術会議会長、前東京大学総長）で、一九九六年十二月に産学官によって「インバース・マニュファクチャリング・フォーラム」が構成された。

「インバース・マニュファクチャリングは、製品ライフサイクル全体として資源・エネルギー消費量、廃棄物、および環境負荷を最小化するような、製品ライフサイクルシステムを構築することを目的としている」（『逆工場』*43頁）。

現在進められている工業製品のリサイクル（例えば家電リサイクル法）では、そもそもリサイクルを前提に製品が作られていないため、次のような可能性があるとの指摘がある。それは、価格・供給量の不安定さ、価値・品質の低下、供給先の確保（需要の確保）の不確かさ、エネルギー的に有利でない、有害物の濃縮、などである（同前、40〜42頁）。

インバース・マニュファクチャリング構想は、「資源、エネルギーを消費して人工物を製造、販売し、その後のことは面倒みない『製造業』は定義として不十分である。それゆえ、製品のライフサイクル全般に対して責任を持ち、システムとして安定な人工物の循環を実現する産業に転換しなければならない」、という吉川弘之氏の提唱に始まった（同前、1頁）。

吉川氏の発想の背景には「循環の安定性」とでもいうべき考えがある。

*吉川弘之・IM研究会 編著『逆工場　見えてきた製造業これからの10年』日刊工業新聞社、一九九九年。

インバース・マニュファクチュアリングでの製品の再生産・再使用の流れ

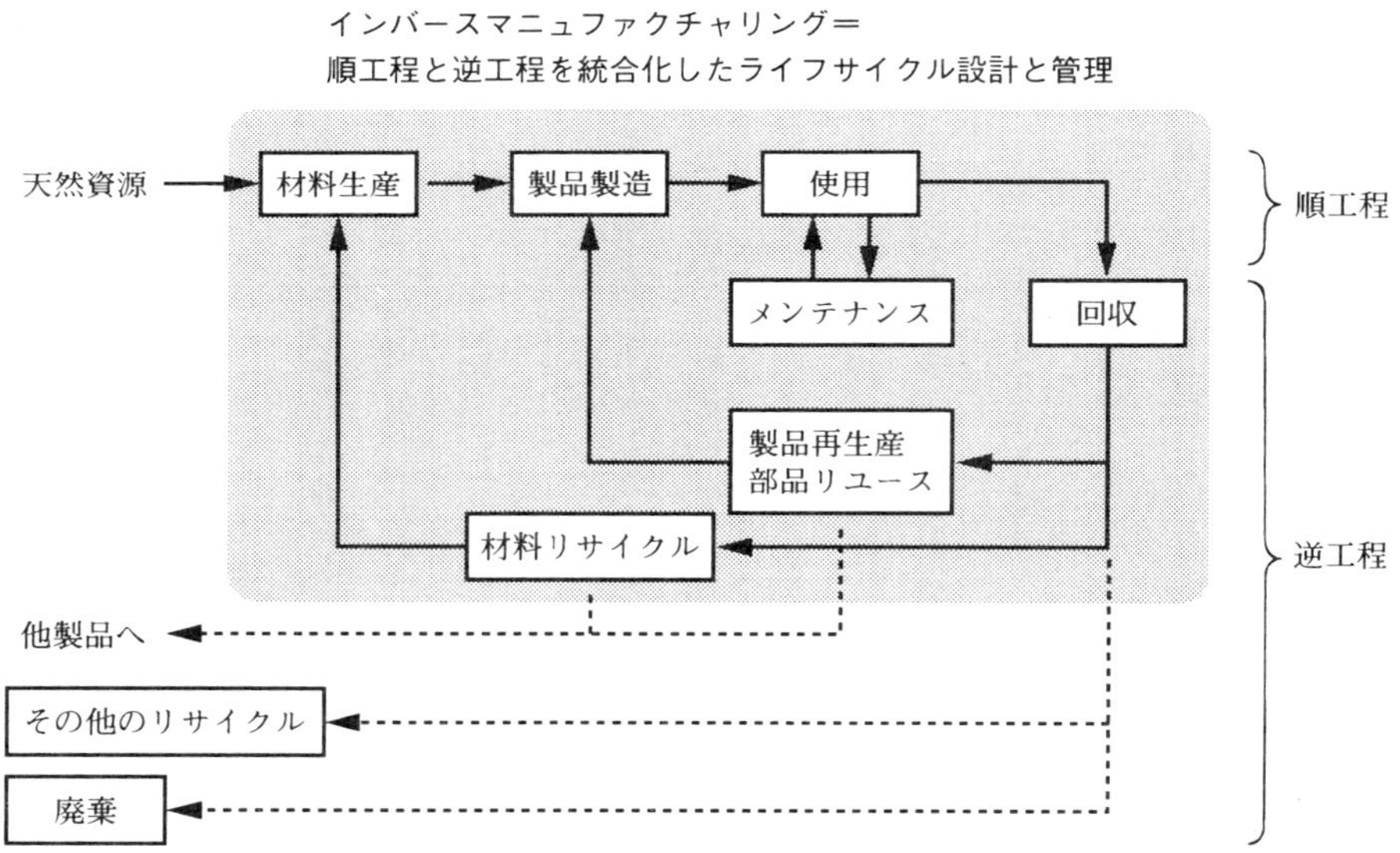

出典：吉川弘之・ＩＭ研究会 編著『逆工場』日刊工業新聞社、1999 年、46 頁

「地球はその表面から内部にかけて何百万年かけて循環している。その循環に寄生するようにして生命体もまた循環している。つまり、進化論というのは循環がなければあり得ないわけで、有限の寿命を持った生物体が、いったん無機質に返り、また再び戻ってくる。つまり、そういう構造の中で生物は生物外の環境の変化に適応できる力を持っているといえると思います。それが、あらゆるものが循環において安定だという意味です」、「地球の安定は何によって保証されるかといえば、それは循環によって保証されるわけです」（同前、29頁）。

インバース・マニュファクチャリングというが、それは従来のマニュファクチャリング＝製造過程をそのままにして新たなリサイクル工程を創り出すというのではなく、設計および材料選択の段階から、製品のメインテナンス、再生産、再使用などを考慮し、製品ライフサイクルの閉ループ循環化を目指すものといえる。また、製品の利用者との関係でいえば、製品を購入し所有する、不用になれば所有を放棄する、というのではなく、製品が提供する機能やサービスを購入する、そういう方向への転換の必要もある。

したがって、廃棄物を他の産業の原料として再製利用するのか、それとも同一製品群の中で循環利用するのかという点、製品の販売から製品の機能・サービスの提供へと価値観の転換を図るという点などで、ゼロ・エミッション構想とインバース・マニュファクチュアリング構想とは異なることになる（同前、45頁）。

ＩＳＯ一四〇〇〇

新聞紙上などで、企業の環境管理システム、環境監査、環境報告書、環境会計、あるいはＩＳＯ一四〇〇一などに関する報道が目につく。ＩＳＯ*（国際標準化機構 International Organization for Standardization）はさまざまな規格や標準を定めている国際的な民間団体である。環境に関する規格がＩＳＯ一四〇〇〇シリーズで定められている。一四〇〇一番台が環境管理システム、一四〇一〇番台が環境監査、一四〇二〇番台が環境ラベル、一四〇三〇番台が環境パフォーマンス評価、一四〇四〇番台がライフサイクルアセスメント、一四〇五〇番台が用語の定義などとなっている。このうちＩＳＯ一四〇〇一が事業所等の環境管理システムの仕様を定めていて、規格に適合していれば審査を経て認証を取得できる。当該事業所において適切な環境管理が行なわれているというお墨付きである。わが国では一九九九年末で約三〇〇〇の事業所や団体が認証取得しているようである。ただし、ＩＳＯが認めた第三者機関の認証を得なくても、ＩＳＯ一四〇〇一に基づいた環境管理システムの構築を自己宣言することができることになっている。

いまのところまだ統一した形式は定まっていないが、多くの企業が環境報告書**を作

＊ＩＳＯという略称は相等しいという意味のギリシア語 isos に由来する（日本工業標準調査会のホームページより）。

＊＊環境報告書は各企業のホームページで公開され、希望すれば印刷した冊子を無料で配布してくれる。

成し公表している。また環境会計の作成、公開も行なわれつつある。取引先にＩＳＯ一四〇〇一の認証取得を求める企業もあり、環境管理に熱心でない企業は取引停止になる場合もある。ある大手家電メーカーの環境報告書を見ると、環境憲章のもとに環境管理基本方針が定められ、さまざまな環境管理基準が定められている。また社長を長とする全社的な環境保全推進組織が形成されている。環境行動目標として、全事業所でのＩＳＯ一四〇〇一の認証取得、製品アセスメントの推進、製品及び事業所での省エネルギー、産業廃棄物の削減、特定フロンの使用を廃止してのオゾン層の保護などが挙げられ、進捗状況が具体的な数値で示されている。

環境庁は一九九九年三月二五日に「環境保全コストの把握及び公表に関するガイドライン～環境会計の確立に向けて（中間とりまとめ）」の公表を行い、二〇〇〇年三月中までに環境会計のガイドラインの完成を目指している。

環境会計は企業の環境保全に関する経費とその効果の関係を示すためのもので、環境保全活動の効果の向上を図ることができ、一般消費者や投資家にとっては、企業の環境への取組状況がわかり、他企業との比較が可能となる。いまのところ、いくつかの企業において自主的に環境会計を公表しているが、実態と理論的な裏づけといったこととなると、まだまだ課題も多いように思われる。

いずれにせよ二一世紀は環境の世紀といわれるように、企業にとって収益性、経営効率をあげるためにも環境への配慮がますます求められるようになる。*

物質循環の課題

環境に配慮した生産活動というが、それは今後も市場経済を前提にして行なわれようとしている。そこでは、環境保全のためのさまざまな指標や仕組みを組み込みながら、「循環型社会」の構築が目指されている。ただこれまで見てきたように、構想されている「循環」とはモノの循環（製品と素材や部品の間の循環）である。しかしそれで本当に問題は解決するだろうか。持続可能性と循環の両方の観点からいまいちど問題を捉え返してみよう。

循環型社会の構想は、資源の一方向的な使用・廃棄でなく、循環させる、循環するということは終点がなく永遠に回りつづけることができる、という思考から来ている。ゼロエミッション構想やインバース・マニュファクチュアリング構想は、物質を素材→製品→素材と循環使用しようというものといえる。地下の枯渇性金属資源を、石油から製造されたプラスチック製品を、地上において循環使用する、そうすれば地下資源がなくなっても資源問題は解決するという訳だ。ただそこで忘れてならないことは、例えば建設廃材から鉄材を回収して再び鉄製品に作りかえるためには、エネルギーが必要だということである。スチール缶を回収し、溶解してスチール缶に再生さ

＊環境保全を重視した企業を対象にした投資信託、いわゆるエコファンドが人気を集めている。運用会社の予想をはるかに上まわる資金が集まっている。

せるにも、アルミ缶を回収し、溶解してアルミ缶に再生するにしても、ガラスびんを回収・洗浄して繰り返し使うにも、溶かして再成形してびんにするにも、エネルギーが必要である。利用価値が低いものを利用価値の高いものに変換する（高エントロピーのものを低エントロピーのものに変換する）過程では、エネルギー投入が必要であり、減じたエントロピーを超えるエントロピーの発生がある。投入エネルギーと廃熱の処理を考えておかねばならないのである。

ミレニアム・プロジェクト

一九九九年十二月十九日、小渕内閣総理大臣は「ミレニアム・プロジェクト（新しい千年紀プロジェクト）について」を決定し、同時に「平成十二年度予算「経済新生特別枠」に関する総理指示」を出した。* その趣旨は、「新しいミレニアム（千年紀）の始まりを目前に控え、人類の直面する課題に応え、新しい産業を生み出す大胆な技術革新に取り組むこととし、これを新しい千年紀のプロジェクト、すなわち『ミレニアム・プロジェクト』とする。具体的には、夢と活力に満ちた次世紀を迎えるために、今後の我が国経済社会にとって重要性や緊要性の高い情報化、高齢化、環境対応の三つの分野について、技術革新を中心とした産学官共同プロジェクトを構築し、明るい未来を切り開く核を作り上げるものである」。

*首相官邸ホームページで資料が提供されている。経済新生特別枠予算は五千億円であるが、半分は関連の公共事業費、残り半分がミレニアム・プロジェクト推進予算である。各省庁はそれぞれ循環型社会関連の予算をもっている。環境保全や廃棄物・リサイクル関連の予算は総額で三兆円を超えるという。省庁別の内訳は『日経エコロジー』二〇〇〇年二月号、15頁参照。

ミレニアム・プロジェクトは情報化、高齢化、環境対応の三つの柱からなっている。環境対応に関しては、「地球温暖化防止の次世代技術の開発・導入」、「ダイオキシン類、環境ホルモンの適正管理、無害化の促進及びリサイクル技術の開発」、「循環型経済社会構築のための大規模な調査研究」の三つのプロジェクトがある。

環境対応の三つのプロジェクトのうち、ここでは「循環型経済社会構築のための大規模調査研究」について詳しく見ることにしよう。この調査研究プロジェクトの目標は「二〇〇一年度までに、大量生産・大量消費・大量廃棄型の現行の経済社会システムを静脈産業（循環型経済社会を支える産業）という新たな視点から見直すため、産業経済構造、技術開発、技能普及、関連産業の育成等に関する大規模な調査研究をする」ことであり、経済社会システムに関する調査研究と技術面の環境整備に関する調査研究からなる。経済社会システムに関する調査研究は、①世界の先進事例調査、②基礎データの収集整備、経済・社会制度的課題の解明調査研究、③欧米のリサイクル先進国における関連制度、国民意識調査、④循環型社会の構築のための基礎的情報収集整理、⑤廃棄物対策を中心とした循環型社会に向けての展望と政策効果に関する定量的分析、⑥リサイクル向け排出物に係る要対策事項調査、⑦循環型社会構築のための静脈産業のあり方の検討、⑧リサイクルシステム推進事業、⑨環境ビジネス発展促進等調査研究、からなる。

技術面の環境整備に関する調査研究は、①環境研究技術の情報収集及び評価体制に関する調査、②廃棄物等による環境汚染修復技術調査、③環境低負荷型・資源循環型の水環境改善システムに関する調査研究、④リサイクルシステム推進事業、⑤資源循環型社会の実現に資する環境負荷を低減する物質・材料に関する調査研究、からなる。

以上を見ると、廃棄物処理の観点からの物質循環という、その限りでの「循環型」でしかない。水環境改善というような項目が入っているが、これも汚水処理をどうするかでしかない。このような調査研究の必要性を認めないのではない。これらが計画どおり進んだとして、それで問題はすべて解決するのだろうか。環境対応の他の二つのプロジェクトに確かに関連するものがある。地球温暖化防止のための次世代技術の開発・導入で燃料電池の開発・導入がある。リサイクル・リユース技術の開発・導入ということで、生ゴミ・家畜排泄物のリサイクル、建築廃材のリサイクル、電気・電子製品のリサイクル、着色ガラスのリサイクル、等々があげられている。これらは現在廃棄処理やリサイクルが困難なものである。二酸化炭素排出削減の決め手と見られている燃料電池（水素と酸素を化学反応させて電気を発生させる）であるが、水素を取り出すもとは、現在はＬＰガス、天然ガス、メタノールなどである。このような原料が継続的に得られるのか、水素を取り出すためのエネルギーはどれだけなのか明確にされるべき課題は残る。

循環と共生

政府は「経済社会のあるべき姿と経済新生の政策方針」を閣議決定し、その中で循環型経済社会の構築を目指すことを示した。具体化のための研究会も発足させ、また内閣総理大臣決定の「ミレニアム・プロジェクト」でも調査研究のための予算をつけた。省庁では独自に関連の事業を進めている。循環型社会の構築は平成十年版環境白書のテーマとされ、循環型社会の語は、それ以降多くの論者やマスコミでも用いられるようになった。政府の政策としても、民間企業の取り組みとしても、その実現に向けて歩みを進めて行きつつあるかのように見える。だが果たしてそうであろうか。

廃棄物の処理、管理の問題や資源のリサイクル、そのための産業システムの構築に関しては平成十年版環境白書で「循環型経済社会への動き」として一章を使い現状が紹介されていた。しかし環境白書ではそれにつづく「国土空間から見た循環と共生の地域づくり」と「ライフスタイルを変えていくために」の二つの章で、自然のメカニズムと人間活動の関係を「循環と共生」というキーワードで論じている。

循環型社会が持続可能な社会のあり方として構想されるならば、自然のメカニズムの中での人間活動のあり方が考え直されなければならない。そのためには、大きくは地球圏でのわが国のあり方、アジアの中でのわが国のあり方、そして日本の国土の中での活動のあり方ということを、真剣に捕らえ返さなければならない。人間が自然のメカニズムを支配できると考えた二〇世紀の思想から、二一世紀は人間と自然とが共生する思想へ転換しなければならない。現に構想されている循環型経済社会では、いわば資源循環型産業システムへの変換だけが構想されている。それは循環型社会の必要条件であっても十分条件ではない。

現在提案されている循環型社会の構想は、実はすでに十年前にあった。一九九〇年七月、環境庁は企画調整局に「環境保全のための循環型社会システム検討会」を設置し、検討会（座長は寄本勝美早稲田大学教授）は同年十一月に「環境保全のための循環型社会システム検討会報告書」をまとめた。*

自然生態系と適合した、その質や環境を撹乱しないような経済社会のあり方を循環型社会と呼ぶ、と報告書は述べているが、具体的に検討されているのは、まさにいま進められつつある「循環型経済社会」構想である。報告書は次のように結ばれている。「地球の環境資源の限界が明らかになりつつある今日、本検討会において提唱した『循環型社会』の理念は、社会経済を持続可能なものへとしていくための鍵となろう。二一世紀の社会は循環型社会でなければならないと思われる。そして、一九九〇年代の十年間は、大量消費・大量廃棄の社会から循環型社会に移行するための十年であ

*一般に出版されたのは一年後で「リサイクル新時代」という表題の書物に収められている。環境庁リサイクル研究会編『リサイクル新時代』中央法規出版、一九九一年。

る。本報告書が『循環型社会』への歩みの第一歩となれば望外の喜びである」。しかし、この報告書の提案が現実の政策に生かされるまでに十年かかった。*

この検討会報告書は、「エネルギー循環の在り方を含めた循環型の社会を目指した具体的な方策の検討、各地域の特性に応じた循環型社会形成の方向の検討などの課題が残されている。これらについては、今後の検討に委ねることにしたい」とみずからの限界を明らかにしている。残された課題、すなわち、エネルギー循環の在り方を含めた循環型社会を目指した方策は、その後現在に至るまで検討された様子はない。

循環型社会への法制化

自由民主党、自由党、公明党・改革クラブの与党三党は、一九九九年十月、連立政権発足にあたって交わした政権合意書で、循環型社会の構築のため「平成十二年度を「循環型社会元年」と位置づけ、基本的枠組みとしての法制定を図るとともに、予算、税制、金融面等において環境対策に重点的に配慮する」ことを明記した。それに基づき与党三党は「循環型社会の構築に関するプロジェクトチーム」を発足させ、まず公明党が一九九九年十二月に「循環型社会形成促進法案」(仮称)を提示した。自由民主党はその後、環境庁に対して政府案をまとめるよう要請し、環境庁は二〇〇〇年一月に「循環型社会基本法案」(仮称)の素案を提示した。

*この提案が政策日程に上らなかった背景には、省庁間の力関係、省益優先などがあったようである。川名英之『どう創る循環型社会』緑風出版、一九九九年、32~33頁参照。

その後、プロジェクトチームで協議が続けられたが、二〇〇〇年三月段階では与党三党内での合意には達していない。自由党は公明党案に賛成しているが、自民党と公明党との間の意見の相違がある。新聞報道などを見る限り、自民党と公明党の間の意見の相違としてあげられているのは、公明党が循環型社会形成の目標時期を定めた計画を策定し、その実行をチェックする第三者機関を設けることを主張しているのに対して、自民党が難色を示している点である。だが、報道ではあまり取り上げられていないもっと重要な点がある。それは自然の循環である。

公明党案は「循環型社会形成推進基本法案」であるが（法律の名称に関しては自民党は公明党案を受け入れた）、循環型社会形成推進の基本理念として、「人類の存続と繁栄が自然の循環の範囲内において人類以外の生物との共生によって図られることにかんがみ、すべての人の公平な役割分担の下に、環境から得られる資源等を用いた人間の活動を、自然の循環を維持し、損なわず、及び回復しつつ、より効果的に行うことができる社会経済構造への転換を促し、もって環境への負荷の少ない持続可能な社会を形成する」と規定している。また自然エネルギー（太陽光、風力、その他）の利用、再生可能な自然資源の再生措置が求められ、さらに農林業に関しても、自然界における物質の循環に依存し、かつ促進するため、その機能を維持増進することを求めている。

わが国では、一九九三（平成五）年、それまでの「公害対策基本法」に替わって「環境基本法」が制定された。環境基本法では「環境への負荷の少ない持続的発展が可能な社会の構築」が謳われている。また、環境基本法に基づいて一九九四年十二月に閣議決定された「環境基本計画」でも、「環境への負荷が少ない循環を基調とする経済社会システムの実現」、「自然と人間との共生の確保」が謳われている。

にもかかわらず、現実の状況はそれほど改善されてはいない。廃棄物、大気汚染、水質汚濁などの規制は個別の法律でなされ、それぞれに主務大臣が異なったりして、一元的な法制が求められているがなかなか実現しない。*

環境庁がまとめた仮称「循環型社会基本法（案）」は、廃棄物・リサイクル対策の基本的枠組み法でしかなく、具体的な措置は個別の法律に委ねられるが、廃棄物の発生抑制を最優先とし、廃棄物処理の最終責任を製品の製造者とする拡大生産者責任の考え方が盛り込まれていて、自民党が産業界の声にどれだけ配慮するか今後の動向が注目される。

二〇〇一年には省庁再編で環境庁が環境省に昇格し拡充される。本書で紹介した研究や構想が実現され、真に循環型と呼べる社会の実現へ歩みを進めてもらいたい。

*ドイツでは「循環経済・廃棄物法」という一元的な法律があるが、わが国ではリサイクル二法とか五法といわれるように、個別の法律で対応している。廃棄物行政に関しては先進国といわれるドイツだが、実際にはいろいろ問題もあるようだ。『環境先進国ドイツ循環経済・廃棄物法の実態報告―最新主要法令と実際―』（中曽利雄・総編訳）、エヌ・ティー・エス、一九九九年、参照。

地域の物質循環

政治あるいは行政の分野で、中央集権から地方分権への動きがある。分権型社会という言葉もあるようだ。循環型社会を考えるときも、地球規模の循環のなかでそれに合致した小さな循環を考える必要がある。それは市町村規模あるいは府県規模での循環である。

電力や熱源の供給も、大規模施設からではなく分散型の熱電供給が進む方向にある。コージェネ技術*が更に進む、燃料電池が各家庭に配置される、太陽光発電の効率性が上がる。その他、風力、地熱など多様なエネルギー源の開発が進められ、エネルギー源の選択も地域により、各家庭により多様化、分散化が進むように思われる。

生活用品も遠隔地からではなく、可能な限り地域の生産物を使い、地域で循環させる。農産物、畜産物など地理的条件もあるが、出きるだけ地域で循環させる。それがまた国土全体の保全にも繋がるのではないか。

二〇〇〇年四月から介護保険制度が発足する。運営の主体は市町村である。少子高齢化によって、老人介護は家庭の問題ではなくて社会の問題として取り組まれる。介護サービスだけでなく福祉サービスは地域の問題として考えなければないだろう。

このような地域社会での物質循環やサービスの循環というものを考えたとき、循環の流れを媒介するものは何であろうか。市場経済でモノやサービスの交換を媒介するものは貨幣である。近代国家では、貨幣は一国に一つの中央銀行によって発行され管

*コージェネレーションcogeneration の略。一般的には発電と同時に排熱を利用することを指す。

理されているが、同時に信用制度によって貨幣経済は中央銀行の管理を超えて膨らんできた。それがあるときはバブル経済を作りだし、そしてバブルをはじけさせたりもする。

地域社会のモノとサービスの交換を媒介するLETSというシステムがある。地域交換システムLocal Exchange Trading Systemである。お金はないけれど働くことができる、そういう人たちがお互いの労働サービスや生産物を交換するために考え出された方法である。それは一九八三年、カナダのバンクーバー島で始まったといわれているが、同様の試みはもっとと以前にさかのぼることができる。

銀行券は中央銀行だけが発行するものとわれわれは思っているが、そうではない。現在でも、英国の中央銀行はイングランド銀行であるが、スコットランドでは複数の銀行が独自の銀行券を発行し、イングランド銀行券（イギリス・ポンド）と共に流通している。わが国では金融ビッグバンが進み、そして金融機関の破綻と再編成が進むなか、都市銀行のなかに地域金融に業務を特化させる銀行が出てきているが、地方金融機関にとっても地域金融はますます重要になってくる。今後分権化社会、循環型社会を構築して行くにあたって、わが国では信用金庫など地方金融機関がLETSと同様の仕組みの基礎として果たし得る役割があるように思われる。*

*LETS、地域通貨に関しては、室田武・多辺田政弘・槌田敦編者『循環の経済学』（学陽書房、一九九五年）所収の丸山真人論文「経済循環と地域通貨」、および『地域開発』一九九八年十二月号「特集　地域通貨による経済循環」を参照のこと。また、河邑厚徳＋グループ現代『エンデの遺言「根源からお金を問うこと」』日本放送出版協会、二〇〇〇年も参考になる。

循環型社会への課題

以上、本書では廃棄物問題、地球温暖化問題、資源問題などの解決に向けての現実の取り組みと、それでもなお残る課題、今後まだ検討を重ねて行かなければならない課題などを見てきた。

マスコミは二一世紀は環境の時代だ、二〇〇〇年は循環型社会元年だという。政府も政党も環境問題を重要施策として掲げている。産業界は経営合理化策として、また消費者へのアッピールとして、環境保全を謳い文句にした製品を開発し、販売し、またそのような製品を調達しようとしている。特に大企業は取引先（資材等の購入先）にＩＳＯ一四〇〇一の認証取得など、環境保全的経営を求める方向が顕著である。大学も産官との協力体制のもと関連の研究を進めている。

ゼロエミッション構想、エコタウン事業構想、インバース・マニュファクチャリング構想、それらが実現すれば問題はすべて解消するかのような期待をいだかせる。確かにそれらが構想どおりに実現されれば、枯渇性資源が有効活用され、地下エネルギー資源がより効率的に、より永く利用できるかもしれない。コージェネなど分散型のエネルギー利用が進みつつある。エネルギー効率の高い燃料電池の開発が進み、実用化への目途もついてきているという。太陽光発電、風力発電、海流・潮汐・波力など海洋エネルギーを利用した発電など自然エネルギーの利用研究も進められている。

持続型社会の特性を示すキーワード

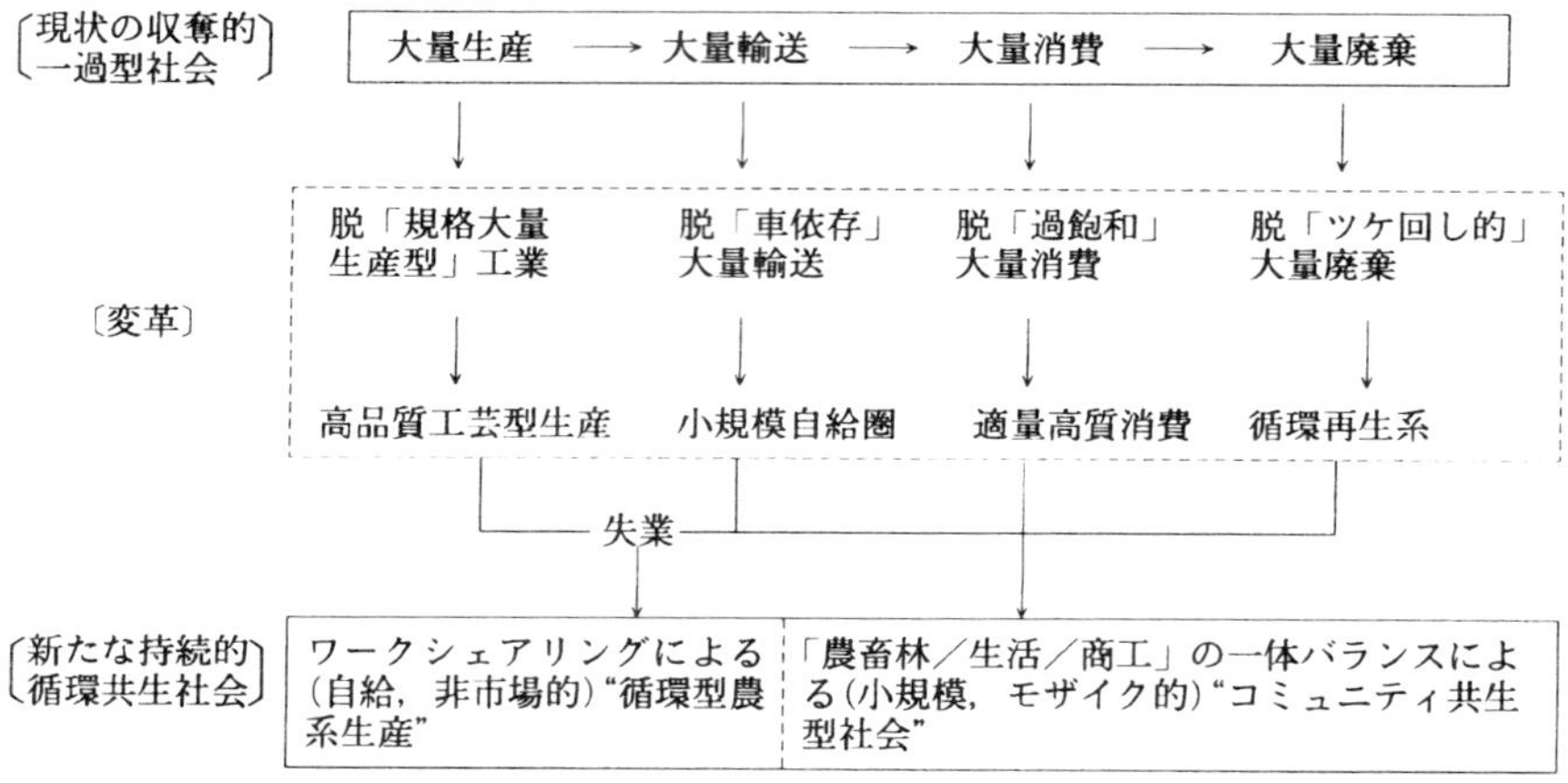

- 自然力利用／●資源エネルギー節約／●環境負荷の低減
- コミュニティ再生／●互酬の喜び／●市場と非市場の融合
- 食糧自給率向上／●途上国の環境収奪軽減
- 自然との触れ合い／●(子供の)健全な生命観，自然観の形成
- 地方分権／分国的自立／自由と計画のバランス

出典：内藤正明「持続可能な社会システムの構築」『岩波講座　地球環境学 10 持続可能な社会システム』岩波書店、1998年、217頁

この表は、現状から「持続的循環共生社会」への変革と、新たな社会の特性をキーワードで示したものである。内藤氏の持続的社会ないし持続的循環共生社会は、われわれの循環型社会と同じ方向を目指している。本書の記述を補うものとして参照していただきたい。

だが課題も残されている。

何をするにもエネルギーが必要だ。これが大問題である。廃棄物の再使用、再生利用にしろ、同一製品をメインテナンスにより長期使用し、同一製品に再生するにしろ、素材は仮に循環利用できたとして、循環させるためには電気なり熱なりのエネルギー、動力源のエネルギーが必要なのである。

われわれは地球上で太陽の恵みのもとで暮らしている。それは熱力学の第一法則、第二法則という大きな枠組みのなかで行なわれている。地球規模での大気の循環、水の循環、生態系の循環、海洋の養分循環などの大きな自然の循環のなかで、人間は地域の物質循環など、自然の循環にそった小さなさまざまな循環を組み合わせて社会を形成してきた。そしてそこに人工の循環を組み入れることによって、物質的に高い生産性を得た。

いま問題なのは、修復不能の危機にまで自然の循環が断ち切られたり、人工の循環が自然の循環とうまく調和しなくなってきていたり、人工の循環すらうまく流れなくなってきたりしていることにある。

当面は自然の循環と調和するよう、人工の循環をどう構築するかが課題であるが、さらに将来にはエネルギーの確保が最大の課題となろう。地下のエネルギー資源が二一世紀はまだ利用可能であったとしても、太陽エネルギーをどれだけ有効に利用することができるか、これこそが真に循環型社会構築の鍵である。

本書では循環型社会とは何か、それを構想するために何を考慮しなければいけないか、現実にはどんな動きがあるのか、などについて見てきた。具体的な動向に関しては工業ないしは製造業分野が中心であった。循環型社会を構想するには、農業、林業、水産漁業の在り方、都市構造の在り方、交通の在り方、建築土木の在り方などなど、検討すべき多くの課題が残されている。*

*嘉田由紀子・槌田劭・山田國廣編著『共感する環境学』(ミネルヴァ書房、二〇〇〇年)176頁の表「循環社会の枠組みと要素」(山田國廣作成)も参照。

著者略歴

松本　有一（まつもと　ゆういち）
1948 年　大阪市生まれ
1971 年　大阪市立大学経済学部卒業
現在　関西学院大学経済学部教授
経済学博士（関西学院大学）

主著　『スラッファ体系研究序説』ミネルヴァ書房、1989 年
論文　「ゴミと地球温暖化のいま」『エコノフォーラム』（関西学院大学経済学部）第 4 号、1998 年
「持続可能な発展と循環型社会」『経済学論究』（関西学院大学経済学研究会）第 53 巻第 3 号、1999 年
ほか多数

K．G．りぶれっと　No.3
循環型社会の可能性
―いま変わらなければ

2000年6月25日初版第一刷発行

著者　松本有一
発行代表者　山本栄一
発行所　関西学院大学出版会
所在地　〒 662-0891　兵庫県西宮市上ヶ原 1-1-155
電　話　0798-53-5233
このシリーズは、関西学院大学生協書籍部と富士ゼロックス社の協力により、オンデマンド方式で発行されています。

ISBN:4-907654-14-6
乱丁・落丁本はお取り替えいたします。
http://www.kwansei.ac.jp/press

「K.G. りぶれっと」2000年4月刊行開始！——第1弾四冊同時刊行（各本体750円）——

山本 栄一（関西学院大学経済学部教授）著
No.0 **おそるおそるの大学論**——「社会科学入門」の入門
「大学て、何？」... 甲山の麓で三十年間、大学と学生と世間を定点観測し続けた著者が、「リベラルアーツ」というキーワードで二十一世紀の大学を語る。これから大学へ行こうとする人、もう大学に入ってしまった人、大学から社会に出た人、大学で仕事をしている人必読。ISBN 4-907654-11-1

海老坂 武（関西学院大学文学部教授）著
No.1 **現代フランス恋愛小説講座**
スタンダールからサルナーヴまで、フランス文学は恋愛をいかに描いてきたか。サルトル、ボーヴォワール、ファノンらの業績を論壇に紹介するとともに、「シングルライフ」という新しい生き方を実践する行動派の著者が、恋愛の冬の時代の読者に贈る、カフェで読む現代フランス文学講座。
ISBN 4-907654-12- X

浅野 仁（関西学院大学社会学部教授）編
No.2 **少子高齢社会の展望**——熟成社会への提言
少子高齢社会の到来という未曾有の社会変革を前にして、どう考え、何をなすべきか。来るべき時代を単に悲観的にとらえるだけではなく、新たなライフスタイルの創造によって明るい展望を見いだすための発想を提案する。同名のシンポジウムの記録。
ISBN 4-907654-13-8

松本 有一（関西学院大学経済学部教授）著
No.3 **循環型社会の可能性**——いま変わらなければ
大量廃棄社会から循環型社会へ...　二十世紀を終えて、山積する環境問題を前にした人類の最後の知恵とは。経済学者として長年環境問題を見続けてきた著者の次世代へのメッセージ。
ISBN 4-907654-14-6

——続刊・近日刊行——

岩武 昭男（関西学院大学文学部助教授）著
No.4 **西のモンゴル帝国**——イルハン朝
十三世紀から十四世紀にかけてユーラシア大陸の広大な地域を占めた大モンゴル...西アジア、現在のイランというイスラーム世界に成立した西のモンゴル帝国、「イルハン朝」を史料に基づいて旅する。新たな世界像の再発見。

関西学院大学出版会『K.G.りぶれっと』発刊のことば

大学はいうまでもなく、時代の申し子である。

その意味で、大学が生き生きとした活力をいつももっていてほしいというのは、大学を構成するもの達だけではなく、広く社会一般の願いである。

研究、対話の成果である大学内の知的活動を広く社会に評価の場を求める行為が、社会へのさまざまなメッセージとなり、大学の活力のおおきな源泉になりうると信じている。

遅まきながら関西学院大学出版会を立ち上げたのも、その一助になりたいためである。

ここに、広く学院内外に執筆者を求め、講義、ゼミ、実習その他授業全般に関する補助教材、あるいは現代社会の諸問題を新たな切り口から解剖した論評などを、できるだけ平易に、かつさまざまな形式によって提供する場を設けることにした。

一冊、四万字を目安として発信されたものが、読み手を通して〈教え—学ぶ〉活動を活性化させ、社会への問題提起となり、時に読み手から発信者への反応を受けて、書き手が応答するなど、「知」の活性化の場となることを期待している。

多くの方々が、相互行為としての「大学」をめざして、この場に参加されることを願っている。

二〇〇〇年　四月

9784907654146
1920333007509
ISBN4-907654-14-6
C0333 ¥750E
定価（本体750円＋税）

KG

関西学院大学出版会

KWANSEI
GAKUIN
UNIVERSITY
PRESS